千千素

第一册

向小利◎编著

配搭简单 营养均衡 养身养心

愿我们从素食这扇门，一起走进真实、平静、美满、持久的快乐。

世界知识出版社

图书在版编目（CIP）数据

千千素.第一册/向小利编著.-- 北京：世界知识出版社，
2019.9
ISBN 978-7-5012-6073-7

Ⅰ.①千… Ⅱ.①向… Ⅲ.①素菜—菜谱 Ⅳ.① TS972.123

中国版本图书馆 CIP 数据核字（2019）第 159933 号

责 任 编 辑　　薛　乾
责 任 出 版　　王勇刚
装 帧 设 计　　义　慧

书　　　名　　千千素（第一册）
　　　　　　　QianQian Su（Di Yi Ce）

作　　　者　　向小利
出 版 发 行　　世界知识出版社
地 址 邮 编　　北京市东城区干面胡同 51 号（100010）
网　　　址　　www.ishizhi.cn
经　　　销　　新华书店
印　　　刷　　艺堂印刷（天津）有限公司
开 本 印 张　　710×1000 毫米　1/16　33 印张
字　　　数　　80 千字
版 次 印 次　　2019 年 9 月第一版　2019 年 9 月第一次印刷
标 准 书 号　　ISBN 978-7-5012-6073-7
定　　　价　　88.00 元（全二册）

健康長壽幸福食譜

淨空題

推荐序

中国的素食源远流长。早在春秋战国时代，食素的观念就已经逐渐深入人心，如《礼记》说"逢子卯，稷食菜羹"，这是为祭祀而引出素食的制度和习惯。又如北魏贾思勰《齐民要术》中就有《素食》的篇目，共记录了十一种素食的名菜谱，是我国目前发现的最早的素食谱。直到现在，历代素食品种多达数千，丰富多彩。介绍素食的书籍也愈来愈常见，为我们烹饪素食提供了极大方便。

瞻仰祖上博大精深的素食文化，体会其烹饪素食的智慧用心，不追求浓烈肥厚，不希图繁复夺目，平易恬淡才能令我们身心和谐，趋与自然合一。此次出版的《千千素》由向小利老师精心编著，食谱中包含菜式数百余道，不拘南北风味，注重采用应季蔬果与五谷杂粮，但以配搭简单、营养均衡、养身养心为原则，一一斟酌，调试烹煮，并录制相应的视频，整理成书，谨以此供养大众。愿我们从素食这扇门，一同走进真实、平静、美满、持久的快乐。

信德图书馆

我们以爱为食

——以爱去供养身边的家人和朋友

《阿含经》上有一句经文说：眼以眠为食，耳以声为食，舌以味为食，身以细滑为食，意以法为食，涅槃以不放逸为食。

对我们来说，"我们以爱为食"——宇宙间的万事万物，都仰仗着滋养，才能生存并散发出蓬勃生机，而我们所依赖的除了物质，更加必不可少的是"爱"。

无私的大爱，让我们看清众生本为一体，无差无别，众生生命同等可贵，放下我们一念口腹私欲，通往戒杀护生、弃肉茹素，通往身心清净、和谐美满的快乐之道。

当我们居家时，以一颗饱含着爱的心去煮一桌饭菜，真诚、恭敬地供养身边的家人和朋友，无论菜色是否鲜亮，摆盘是否精致，这样一颗爱心，足以打动在座的每一位，令大众都能欢喜吃素。煮菜前后多想一想，这位老人家年事已高，喜食软烂；这位小朋友正是备考阶段，健脑强体少不了；这位好友工作劳心，多需解乏安神……照顾每一位食客的感受，体会每一种食材的秉性，除了一颗供养大众的爱心，其他一切杂念都摒除，这样我们煮出的饭菜，自然会圆满。

至于烹调，实无丝毫经验可谈，中国的素食文化博大精深，但以恭慎求索、不断学习来自勉，谨以此小小心得向诸位报告，不妥之处，敬请批评指正。

向小利

吃素的好处

吃素更健康

◎ 远离癌症。

◎ 维持血液酸碱平衡，净化血质。

◎ 素食富含纤维质，帮助消化和排泄，净化循环系统。

◎ 减轻肾脏排毒负担和消化负担，维持血糖平衡。

◎ 减少病毒感染和寄生虫。

◎ 更全面的营养素：丰富的维生素、大豆分离蛋白、优质魔芋粉等，营养价值极高，促进新陈代谢；黄豆含有百分之四十的蛋白质，比肉类足足高出一倍，各种水果蔬菜含有丰富的维他命。

◎ 植物蛋白可使身体呈微碱性，大脑长时间保持良好的工作状态，明显提高体力、耐力及效率。

吃素更长寿

世界各地长寿的人们均以素食为主或者纯素食，巴基斯坦北部的浑匝人和墨西哥中部的印第安人，都是原始的素食民族，平均寿命极高。

吃素更幸福

　　素食能"卫生"，保护生理；"卫性"，保护善良的性情；"卫心"，保护慈悲心、清净心。慈悲与清净是身心健康的根本，人心地清净，绝对不会感染毒害，慈悲心可以解毒。世间任何解毒的药物，都没有慈悲心来得殊胜。

　　素食使我们身心自然清爽，烦恼更少，欲望更少，简单幸福快乐。

　　另外，人类是属于果食性动物，近似草食动物，有碱性唾液，平坦的白齿，有身长十二倍的肠，所以人类天生就是素食动物。

　　饲养牲畜要花掉十六份的谷物和黄豆，才能换得一份肉吃，其他的十五份谷物全都化成牲畜的粪尿排泄掉了，白白浪费百分之九十的蛋白质、百分之九十六的热量、全部的纤维质及糖类化合物。素食所消耗的地球资源更少，若大家都吃素，我们就能快速有效地改善全球暖化问题。

向小利老师　心语

我们的心清净
才能把菜做得好吃
即使我们不用什么调料
煮出来的菜也很好吃
因为心清净就是调料

最主要的是
为家人为别人做事
不要生烦恼
为众生做每一件事情
都是应该的
心甘情愿地去做
存着一颗供养的心
布施的心去做
我们每天做任何事情
都是在修福报

目录

汤羹 / 几经熬炼 浓淡相安

小吃

从繁生简　以诚尽心

主食

五谷百味　存爱于常

凉菜

方寸清凉

意纯则精

凉拌豆腐干

材料　白豆腐干半斤

调料　醋、酱油、糖、盐、芝麻油、辣椒油、花椒油、熟芝麻、芝麻酱、香菜

做法

1 豆腐干切条；香菜洗净切段。

2 取适量调味料放入小碗内，调成酱汁后倒入豆腐干中，加香菜，
拌匀后食用。

小常识　买回的豆腐干需放入冰箱，在制作拌菜时，最好先用开水烫洗
一下，比较卫生。

特点 原汁原味，清香怡人

拌豆腐

材料　嫩豆腐1块

调料　盐、芝麻油、熟芝麻

做法

把豆腐放入碗内，用刀切成小块，加盐、芝麻油、熟芝麻，拌匀后食用。

小常识　豆腐营养丰富，含有多种微量元素和丰富的优质蛋白，素有"植物肉"之美称。

3

卤水豆干

材料 白豆腐干半斤

调料 盐、素卤水汁、芝麻油

做法

1 将豆腐干放入开水锅内，加少许盐，煮3分钟后捞出。

2 锅内换水烧开，加入卤水汁，放入豆腐干煮3分钟后关火。待豆腐干在卤汁里浸泡入味后，捞出切片，淋上芝麻油，即可食用。

小常识 两小块豆腐，即可满足一个人一天钙的需要量。

腌酱黄瓜

材料　黄瓜10斤、生花生米1斤、生姜7两

调料　酱油、八角、新鲜花椒

做法

1 黄瓜洗净切成细长条，晒到七成干；姜洗净切片。花生米倒入开水锅内煮3分钟后，泡入凉水待用。

2 锅内入油烧至五成热，加入酱油、花椒、八角，煮5分钟后放凉。将黄瓜、姜片、花生倒入酱油汁内拌匀，腌制1夜后食用。

小常识　一次可以多做一些，放进玻璃瓶储存。还可以加点白杏仁，味道更好。

四川泡菜

材料　长豆角3斤、青辣椒适量、红辣椒适量

调料　嫩姜3块、新鲜花椒少许、八角4颗、大蒜3个、冰糖7颗、
　　　白酒少许、盐2两

做法

1　长豆角、青红辣椒、泡菜坛子洗净晾干水分；姜洗净掰成小块，
　　去掉红色的外皮。

2　把所有调味料和材料放入泡菜坛子内，加入凉开水或矿泉水盖
　　过豆角，放入盐和少许白酒，盖上坛盖，在泡菜坛边沿的槽里加
　　满水，腌制3天，即可食用。

小常识

◎四川泡菜除了选用豆角，还可以选用泡椒、姜、蒜，或者萝卜、芹菜、
白菜等蔬菜，制作前一定要风干水分再放入泡菜坛子中。

◎最好选择专业的密封玻璃瓶，不要使用铁盖子的，或者一般塑料瓶，
如果家人多，建议用粗陶泡菜坛。做泡菜最好选择不含碘的盐，这
利于发酵。

◎如果泡菜的味道太酸，可以加点盐；如果太咸，可以加点糖；如果
不脆，可以加点白酒。

◎泡菜水不能沾油，夹泡菜的筷子最好单独准备，因为水不够就会导
致泡菜"生花"，就是泡菜水上长出白色霉点。不仅菜会腐烂，还会
产生大量霉菌。如果是刚出的"花"，可以捞掉，马上加入盐和酒，
将泡菜坛每天敞开盖子10分钟，一段时间后若没有改善就不要再
食用。

腌豆角

材料　长豆角适量

调料　盐、高度白酒

做法

1　挑选比较嫩软的长豆角，洗净，晾干水分。取一个瓶口较大的玻璃瓶，把豆角卷起来塞进去，塞满，按紧。

2　顺着瓶子的边沿和中间撒入适量的盐，加少许高度白酒，用保鲜膜将瓶口密封，放置于阴凉处，腌至入味后食用。

小常识　豆角腌好后，可单独食用。也可配少许青辣椒粒炒熟，在早餐时作小菜，配粥食用。

酱油腌核桃

材料　核桃仁1碗

调料　酱油1碗、白酒2勺、白糖2勺、八角3颗

做法

1　核桃仁放入开水里煮8分钟，倒出沥干水分。

2　锅内入油烧至五成热时，倒入酱油煮开，放入八角再煮3分钟后关火放凉。

3　核桃仁放入油锅中炸透，捞出放入酱油汁里，加少许白酒、白糖拌匀，腌制1夜即可食用（也可放凉后存入玻璃瓶，随吃随取）。

腌青红辣椒

材料 青辣椒适量、红辣椒适量、密封罐2个、保鲜膜适量

调料 花椒、八角、姜、盐、白酒、矿泉水、冰糖

做法

1 把青、红辣椒洗净晾干水分；姜洗净切片。

2 将青红辣椒、调料分别放入2只密封罐内，然后加入矿泉水淹过辣椒，用保鲜膜密封瓶口，1个月后食用。

小常识

◎ 辣椒未成熟时是绿色，成熟后变成鲜红色、黄色或紫色，以红色最为常见。辣椒中维生素C的含量在蔬菜中居第一位。

◎ 辣椒有着独特的造型长势，清洗时不要先将辣椒去蒂，避免水流入辣椒中，不易晾干造成变质。

◎ 矿泉水不必加得太多，因为辣椒在制期间会出水。

◎ 用于密封的保鲜膜，可以根据需要多覆盖几层，一定要保证瓶口密封严实。

凉拌姜丝

材料　新鲜嫩姜适量

调料　酱油、芝麻油

做法

生姜洗净切成细丝，加入酱油、芝麻油，拌匀后食用。

小常识　在早餐前半小时制作，口感最好。可以和馒头、饼搭配着一起吃，既简单又美味。

拌东北大拉皮

材料　东北拉皮1斤、黄瓜1条

调料　盐、醋、芝麻油、芝麻酱

做法

1　取适量的芝麻酱加开水拌匀,再放入醋、盐、芝麻油,调成芝麻酱汁。

2　拉皮切长条,黄瓜洗净切丝,放入大碗内,倒入调好的芝麻酱汁,拌匀后食用。

小常识　也可以放上喜爱的米醋或陈醋·糖·芝麻·辣椒油·香菜·生抽等调料,又是一番风味。

13

凉拌川北凉粉

材料 豌豆凉粉1块、香酥鹰嘴豆少许、香酥青豆少许

调料 糖、酱油、盐、芝麻油、鸡枞油、醋、辣椒油、花椒油、花椒粉、香菜

做法

凉粉块切成薄片，放入盆内。加入适量的青豆、鹰嘴豆、调料，
拌匀后食用（也可加入葱末和蒜水）。

小常识 豌豆磨成粉后，可制作糕点、小吃，能调和脾胃，但多食容易引起
腹胀、多气。

凉拌苦瓜

材料　苦瓜2条

调料　盐、芝麻油、糖、香菜

做法

1　苦瓜洗净去籽切成薄片，放少许盐腌3分钟；香菜洗净切段。

2　苦瓜挤干水分，放入糖、盐、芝麻油、香菜，拌匀后食用。

小常识　苦瓜又有"君子菜"之称。因为苦瓜虽苦，但当它与别的菜一起炒时，不会影响别的菜自身的味道，正所谓"只苦自己不苦别人"。

芝麻茄子

材料　长茄子3条

调料　芝麻酱、糖、辣豆瓣酱、醋、盐、芝麻碎

做法

1　茄子洗净，从头到尾划一刀，转动茄子，共划三刀，不要将茄子切断。

2　茄子入蒸锅内蒸7分钟后，泡入凉水中待用。

3　取适量的辣豆瓣酱、醋、糖、盐、芝麻酱、凉开水，调成芝麻酱汁。

4　茄子沥水切段，入盘内摆放整齐，淋上芝麻酱，撒上芝麻碎，拌匀食用。

小常识

◎ 茄子富含营养，特别是维生素P的含量极高，能促进细胞新陈代谢，保护血管循环，清热凉血。

◎ "芝麻茄子"的加热时间短，营养损失少，而且营养吸收完全，因为不用削去茄子皮，皮中含有大量的生物活性物质，茄子的价值大部分就在皮面。调味所用的芝麻酱和芝麻碎含有丰富的钙、蛋白质和维生素。

黑白双拌

材料　黑木耳1把、白木耳1把

调料　醋、芝麻油、料酒、盐、酱油

做法

1 用温水把黑白木耳泡开、洗净、撕成小朵，放入开水锅内烫熟后，过凉水待用。

2 取适量调料放入碗内兑成调料汁，倒入木耳中，拌匀后食用。

小常识　优质白木耳色泽鲜白带微黄，肉质肥厚，若色过于白，则不宜购买。

松茸蘸芥末

材料　新鲜松茸2个

调料　生抽、芥末

做法

1 松茸洗净切片。取适量生抽、芥末放入调味碟内拌匀。

2 取松茸片蘸上芥末酱后食用。

小常识　芥末微苦，辛辣，口感独特，以香味浓郁，肉质肥厚的松茸蘸食，味道十分鲜美。

凉拌芹菜粉条

材料 粉条、香芹各适量

调料 酱油、醋、胡椒粉、花椒油、芝麻油、姜末、辣椒油、红油、糖、盐

做法

1 芹菜洗净切成段;粉条泡软。

2 将芹菜、粉条分别放入开水锅里烫熟,过凉水后控干水分,倒入盆中待用。

3 取适量调料兑成调味汁,倒入粉条芹菜里,拌匀后食用。

小常识

◎芹菜分为香芹和西芹。香芹细长而中空,香味浓,主要用于炒煮及配料;而西芹叶柄肥大、富肉质、香味淡,主供生食,也可炒煮。

◎芹菜叶比茎的营养价值要高出很多倍,叶子中含有蛋白质、脂肪、碳水化合物、粗纤维、钙、磷、铁等多种营养物质,而且具有较高的药用价值,所以扔掉芹菜叶实在可惜。

特点 色泽碧绿，干辣鲜香

拌蚕豆

材料　干蚕豆1碗、青辣椒少许、红辣椒少许

调料　姜、酱油、醋、辣椒油、芝麻油、糖、盐、香菜

做法

1　干蚕豆倒入空锅内炒香，加开水煮20分钟后，过凉水沥干，倒入盆内待用。

2　将青红辣椒末、香菜末、适量的调料放入蚕豆盆内，拌匀后食用。

小常识　蚕豆性滞，不可生吃。多吃会胀肚伤脾胃。

油酥花生米

材料　生花生米1碗

调料　花生油、盐

做法

1　锅内放入小半锅油烧至六成热，放入生花生米，用小火炸至花生发出"啪啪"的爆破声时，捞出沥油。

2　待花生冷却后撒上盐，拌匀食用。

小常识　用花生油炸花生米时，最好先让油烧热至五成，这样才能炸出酥脆的花生米。

老醋花生米

材料　生花生米1碗

调料　盐、醋

做法

1　锅内入油烧热，倒入生花生米，用小火炸1分钟后，捞出沥油。

2　待花生米冷却后撒上盐，加入适量的陈醋，拌匀食用。

小常识　花生米可以一次多炸点，老醋汁最好是现吃现拌。

油炸辣椒面

材料　辣椒面1碗

调料　白芝麻、盐、糖

做法

1 将辣椒面倒入大碗内，加入糖、盐、白芝麻拌匀。

2 锅中加入生油烧至七成热时，慢慢地浇在辣椒面上，放凉后
使用。

小常识　油温太高易炸糊，油温过低炼不出香味。油宁多勿少，制作完后
应完全淹没辣椒面。

凉拌豆角

材料　长豆角1把

调料　盐、酱油、醋、油辣椒、姜末、白糖、花椒面、花椒油、香菜

做法

1 豆角洗净切成长段，放入开水锅内，加少许糖，煮至七成熟后，过凉水沥干待用。

2 取适量的调料兑成调味汁，倒入豆角盆中，加少许香菜末，拌匀食用。

小常识　在煮豆时加一点糖，煮出的豆清爽翠绿，不易发黄。

凉拌三丝

材料　海带1张、绿豆芽1碗、红萝卜1根

调料　芝麻油、酱油、陈醋、辣椒油、糖、盐、姜、香菜

做法

1 锅中加水烧开，放入海带丝煮2分钟后，下红萝卜丝、绿豆芽烫至断生，然后捞出三丝过凉水待用。

2 取适量的调料、香菜末兑成调料汁，倒入三丝中，拌匀后食用。

小常识　豆在发芽过程中，维生素C会增加很多，氨基酸可达到绿豆原含量的7倍。

炸鸡枞菌油

材料　新鲜鸡枞菌适量

调料　菜籽油、干辣椒、新鲜花椒、草果、盐

做法

1　鸡枞菌洗净，晾干水分，撕成小块。

2　锅内放入菜籽油烧至九成热，下草果爆香，放入鸡枞菌炸干水分，待鸡枞炸透后，加少许干辣椒、盐调味。

3　新鲜花椒放入漏勺中，用炸好的鸡枞油淋在花椒上，让花椒油漏入鸡枞锅内，即可关火。

4　待鸡枞在锅内自然凉透后，盛入罐中存放，随食随取。

小常识

◎ 清洗鸡枞时用柔软干的刷子，轻轻刷洗，注意清除菌盖和根部的泥土，一般要漂洗两到三次。

◎ 鸡枞本身味道就很好，油炸时不需要加入太多香料，以免喧宾夺主。使用菜籽油，能保持鸡枞的香味，且油色黄亮纯正。用餐时配上鸡枞油，是不可多得的美味。

◎ 鸡枞的水分炸干后，一定要小火慢慢地炸透，炸到油面上看不见水气为度。为了保存得更长，可以将鸡枞炸得更干一些，稍微呈棕色时起锅。

热菜

水火微妙

净而见真

豆腐炖西红柿木耳香菇

材料　豆腐1块、豆腐干2块、西红柿1个、木耳1把、香菇6朵
调料　姜、八角、酱油、糖、盐、芝麻油、胡椒粉、花椒粒、香菜
做法

1　豆腐切成厚片,再掰成块;豆腐干切成菱形斜片。

2　西红柿洗净去皮,切块;香菇泡软去蒂,切成两半;姜洗净切片。

3　锅内入油烧热,爆香香菇,下姜片、八角、酱油炒香,加入开水、胡椒粉、盐、糖、木耳、西红柿,焖煮20分钟。

4　待汤色见红,放入豆腐干、豆腐、花椒粒、盐,煮开后半分钟,淋上芝麻油出锅。食用时撒上香菜末即可。

农家炖豆腐

材料　豆腐1斤

调料　盐、姜、黄豆酱

做法

1　豆腐先用盐水泡10分钟后，切成方块待用；姜洗净切末。

2　锅内入油烧热，下姜末、黄豆酱爆香，放入豆腐炒匀，再加入盐、开水，焖煮至豆腐入味后食用。

小常识　优质的豆腐切面比较整齐，没有杂质，豆腐本身有弹性；劣质豆腐的切面不整齐，有时还嵌有杂质，容易破碎，表面发黏。

韩国泡菜炖豆腐

材料　韩国泡菜半棵、豆腐1块、海带1张

调料　姜、糖、酱油、盐

做法

1. 海带泡软洗净后，切方片；豆腐切方块；泡菜切段；姜切片。

2. 锅内入油烧热，下姜片爆香，加入开水、豆腐、海带、韩国泡菜、糖，炖煮至汤汁收干，再加少许酱油、盐，调味后食用。

小常识　正宗的韩国泡菜有浓浓的大蒜味，如果不吃大蒜，可以尝试着自己做一点。

罗汉菜

材料　腐竹、豆腐、木耳、竹笋、香菇、板栗、金针菜、四季豆、粉丝、榨菜各适量

调料　豆腐乳、生粉、姜、盐、胡椒粉、酱油

做法

1　所有干货泡软洗净。竹笋切丝；木耳撕成小朵。腐竹、四季豆掰成小段；豆腐切成方片；板栗去皮；姜切末。

2　取适量的酱油、胡椒粉、生粉，用清水调成生粉水。

3　豆腐片、腐竹入油锅中煎成金黄色后，豆腐沥油；腐竹泡入冷水待用。

4　锅内留少许油，爆香香菇，下姜末、板栗、酱油、榨菜丝炒匀。

5　加入开水、四季豆、木耳、笋丝、黄花菜，将泡水的腐竹带水一起倒入锅内，烧开后加入胡椒粉、盐、豆腐乳，调味后焖熟。

6　放入粉丝煮2分钟，倒入调好的生粉水，待汤汁煮至浓稠时，即可出锅。

小常识

◎罗汉菜是杂合各种蔬果烹制的一种什锦素菜，也称"罗汉斋"。菜名出自释迦牟尼佛的弟子十八罗汉，释迦牟尼佛圆寂时嘱托十八罗汉"不入涅槃，永驻世间，弘传佛法"。

◎罗汉菜始于唐代，众佛寺精选各种素菜为原料，一般选用十八种，与"十八罗汉"同数。

◎是对罗汉广为行善、弘传佛法的敬仰。

苦瓜炖豆腐

材料　苦瓜2条、豆腐1块、香菇适量
调料　姜、素蚝油、酱油、糖、盐
做法

1　苦瓜洗净切成圆圈；豆腐切大块；香菇泡软；姜切片。

2　锅内入油烧热，下姜片、香菇爆香，加入素蚝油、酱油、糖炒匀，再放入苦瓜煸炒至断生。

3　加入豆腐、酱油、素蚝油、盐、糖炒匀，将食物倒入炖锅内，加开水炖煮1小时，待苦瓜熟后加少许盐，调味后食用。

小常识

◎豆腐，是中华民族对人类文明的贡献之一。据记载，豆腐是汉武帝的叔叔，淮南王刘安发明的。豆腐中蛋白质含量极高。

◎苦瓜是夏季时蔬，具有清热消暑、滋肝明目的功效。在炖苦瓜之前，不妨把苦瓜先煎一煎，炖煮的时候就不容易烂。

冻豆腐炖酸白菜粉条

材料　红薯粉条适量、东北酸白菜1棵、冻豆腐1块

调料　酱油、八角、胡椒粉、姜

做法

1　粉条用热水泡软；酸白菜切细丝；冻豆腐切块；姜切片。

2　锅内入油烧热，爆香姜片、八角，下酸白菜炒匀，再加入酱油、水、冻豆腐、粉条、胡椒粉，炖熟后加盐调味，即可食用。

小常识

◎烹调冻豆腐一定要减油减盐。它天生有吸附的本领，很容易吸附菜肴的汤汁而导致过油过咸，稍淡的味道反而更能烘托出冻豆腐本身的浓浓豆香。

◎将冻豆腐放在温暖处自然解冻，用手把水挤干后，放进清水中浸泡几分钟，再捞出挤干，这可以去除冻豆腐的苦味。

雪里蕻炖豆腐

材料　豆腐1块、雪里蕻3棵

调料　盐、芝麻油

做法

1　豆腐切方块；雪里蕻洗净切段。

2　豆腐、雪里蕻放入煲仔锅内，加盐、开水、熟油，煮开后转小火炖煮6~8分钟，淋上芝麻油即可食用。

小常识　腌制后的雪菜有一种特殊鲜味和香味，能促进胃肠消化功能，增进食欲，可用于开胃，帮助消化。

豆腐鸡蛋羹

材料　豆腐1斤、鸡蛋4个、香菇5朵

调料　姜、香菜、酱油、草果粉、盐

做法

1 豆腐放入盆中捏碎；香菜、姜、香菇切末。

2 鸡蛋打成蛋汁，加姜末、香菇、香菜、盐、草果粉拌匀。

3 鸡蛋汁倒入豆腐泥中，加熟油拌匀，用大火蒸10分钟后，淋上芝麻油，撒上香菜末，即可食用。

嫩豆腐煲

材料　嫩豆腐1盒、青尖椒1根、红尖椒1根

调料　姜、黄豆酱、辣椒粉、盐、芝麻油

做法

1 青红尖椒洗净切成斜片；嫩豆腐切成方块；姜洗净切丝。

2 锅内入油烧热，爆香姜丝后，加水煮开，放入青红辣椒片、嫩豆腐煮2分钟。

3 加入黄豆酱、辣椒粉、盐，用中小火稍煮片刻，淋上少许香油，即可出锅。

小常识

◎ 嫩豆腐又称南豆腐，质地细嫩，有弹性，含水量大，因此很容易碎裂，烹煮时不宜直接用勺子搅动，只用勺子的背面轻轻推动汤汁，就可以了。

◎ 嫩豆腐具有补中益气、清热润燥、生津止渴、清肠胃的功效。

◎ 黄豆酱较咸，也可以根据个人口味再加入适量的盐。

蒸臭豆腐

材料　臭豆腐2块

调料　香菜、辣椒粉、花椒粉、盐、白芝麻

做法

1　臭豆腐放入煲仔锅内，用小刀切成方块，撒上一点盐，用大火蒸熟后取出，撒上辣椒粉、白芝麻待用。

2　锅内加1勺油烧至八成熟后，淋在豆腐上，撒上香菜末、花椒粉，即可食用。

小常识

◎ 臭豆腐是中国汉族特色小吃之一，闻起来臭，吃起来香，可以增加食欲。臭豆腐中富含植物性乳酸菌，具有很好的调节肠道及健胃功效。发酵后的豆制品也会产生大量维生素B_{12}，尤其是臭豆腐中的含量更高。

◎ 臭豆腐制作流程复杂，对温度和湿度的要求非常高，一旦控制不好，很容易受到有害细菌的污染，在选购时需谨慎。

蒸豆腐

材料　豆腐1块

调料　姜、辣椒面、香菜、盐、芝麻

做法

1　豆腐捏碎加少许盐拌匀，放入蒸锅内蒸20分钟，再撒上姜末、辣椒粉、熟芝麻、香菜末待用。

2　将生油烧热后，淋在豆腐上，撒上香菜末，即可食用。

小常识　豆腐中的蛋白质含量非常高，甚至高于牛奶。

大蒜烧豆腐

材料　豆腐1块、木耳1把、大蒜1小碗

调料　酱油、生粉水、芝麻酱

做法

1　豆腐切成方块，放入油锅中，炸成金黄色后，沥油待用。木耳泡软洗净掰成小朵。

2　锅内留少许油，下大蒜炒香，加开水盖过蒜头，放入木耳、酱油、芝麻酱拌匀，再放入豆腐，焖煮入味后，淋上生粉水，收汁起锅。

小常识　不吃大蒜的朋友，可以用九层塔代替。

豆腐丸子

材料　豆腐1大块、土豆1个、红尖椒2根、腰果1小碗、
四川嫩冬菜尖2棵

调料　姜、胡椒粉、芝麻油、酱油、盐、糖、生粉、高汤

做法

1　豆腐放入盆中捣成豆腐泥；红尖椒洗净切成圆圈；冬菜尖、姜洗净切末。

2　土豆切成薄片，放入蒸锅内蒸熟后，取出捣成土豆泥。

3　把土豆泥倒入豆腐盆中，加入生粉、冬菜尖、姜末、胡椒粉、酱油、芝麻油、盐、糖拌匀。

4　取适量豆腐泥搓成小丸子，放入生粉盆中蘸满生粉，入盘内摆放整齐。

5　将红辣椒圈放在豆腐丸子上，淋上芝麻油入蒸锅蒸8分钟，然后加入高汤、酱油、腰果再蒸2分钟，即可食用。

水煮绿中宝

材料　丝瓜1根、绿中宝（豆制品）1包

调料　盐、糖、胡椒粉、陈醋、花椒、豆瓣酱、姜、香菜、芝麻油、辣椒段

做法

1　丝瓜洗净去皮切成条，放入开水中烫至五成熟后，捞出待用。香菜洗净切碎，姜切末。

2　炒锅内入油烧热，下姜末、豆瓣酱炒出红油，放入花椒、辣椒段爆香，再加入开水、盐、胡椒粉、糖、绿中宝，煮5分钟。淋上芝麻油，盛入丝瓜碗内，即可食用。

海带炖豆腐

材料　海带1张、冻豆腐1块

调料　姜、糖、盐、香菜

做法

1 海带泡软洗净切成长条；冻豆腐挤干水分切成块；香菜洗净切段；姜切丝。

2 锅内入油烧至七成热，爆香姜丝，放入豆腐、海带翻炒至七成熟，加糖、盐调味，倒入开水淹过豆腐，中火焖煮30分钟后，撒上香菜即可食用。

小常识　海带富含膳食纤维，豆腐具有抑制癌变的功能，这是一道不错的药膳。

香煎豆腐饼

材料　老豆腐1斤、玉米粒适量、竹笋适量、香菇3朵、鸡蛋1个

调料　姜、酱油、芝麻油、糖、胡椒粉、盐、香菜、生粉

做法

1 竹笋、香菇泡软洗净切成碎粒；香菜、姜洗净切末。

2 老豆腐捏碎，加入竹笋粒、香菇碎、玉米粒、香菜末、鸡蛋、姜末、盐，搅拌均匀。

3 取适量的豆腐泥按压成饼形，放入煎锅内，煎熟后装盘待用。

4 糖、盐、酱油、生粉、食用油，加水拌匀，兑成调味汁。

5 锅内入油烧热，倒入调味汁煮开后，浇在煎好的豆腐上，即可食用。

小常识　爱吃辣椒的朋友，可以在调味汁中加入辣椒油，又是不同的风味。

加入鸡蛋和淀粉让豆腐口感更加细腻，让食材容易凝结成型。

西红柿豆腐

材料　豆腐1块、西红柿2个

调料　白糖、盐、生粉、番茄酱、芝麻油

做法

1. 两个西红柿，一个切丁，一个切片。将生粉、白糖、盐放入碗内，加水调成生粉水。

2. 豆腐切成厚片，放入煎锅内煎成金黄色后，盛出装盘。

3. 将西红柿片放在豆腐片上，入蒸锅内用大火蒸5分钟。

4. 锅内入油烧热，下西红柿丁炒香，放入番茄酱、盐、糖、开水，煮成浓汁，然后淋上生粉水、芝麻油收汁。将煮好的汤汁浇在蒸好的豆腐上，即可食用。

小常识

◎ 豆腐含有人体必需的八种氨基酸，营养价值较高；有降低血脂，保护血管细胞，预防心血管疾病的作用。另外，豆腐对病后调养、细腻肌肤都大有好处。

◎ 西红柿富含丰富的胡萝卜素、B族维生素和维生素C，其中的维生素P含量非常高，多吃西红柿还具有抗衰老作用，能使皮肤保持白皙。

茴香烧豆腐

材料　豆腐1块、茴香1把

调料　盐、酱油

做法

1 豆腐切成小方块，加少许盐拌匀；茴香洗净切末。

2 油锅烧热，放入豆腐煎至微黄，加酱油、盐、开水，炒至水分收干后，放入茴香，待豆腐入味后装盘食用。

小常识　豆腐吸收了茴香的香气，增加了鲜味，口感回香，后味悠长，是很开胃的一道菜。

盐煎豆腐

材料　豆腐1块

调料　香菜、盐、酱油

做法

1　豆腐切成片，放入油锅中煎成金黄色。

2　加少许盐、酱油，调味后撒上香菜末，拌匀食用。

小常识　常用于煎、炸的都是老豆腐，它的特点是硬度、弹性、韧性比较强，含水量低，不容易碎裂，更适合制作煎炸、炒煮类菜肴。

麻婆豆腐

材料　豆腐1块

调料　酱油、糖、盐、豆瓣酱、姜、生粉、花椒粉、豆豉、芝麻油、香菜

做法

1　豆腐切成小方块；香菜、姜洗净切末。

2　取适量的盐、糖、酱油、生粉，调成生粉水待用。

3　锅内入油烧至五成熟，爆香姜末，下豆瓣酱炒出红油后，加入豆豉炒香。

4　加入开水、花椒粉、豆腐烧至入味，再淋上生粉水，煮开后加少许香菜末、芝麻油，即可出锅。

特点
清淡回甜，后味余香

大白菜炖豆腐粉条

材料　大白菜半棵、粉条1大碗、豆腐1块

调料　姜、八角、酱油、糖、盐、花椒、胡椒粉

做法

1　大白菜、豆腐切成方块；粉条用温水泡软；姜洗净切片。

2　锅内入油烧热，下姜片、八角爆香，加入开水、白菜、豆腐、酱油、盐、糖，大火煮开后放入粉条、胡椒粉，待粉条煮软后即可食用。

豆腐炒榨菜

材料　豆腐1块、榨菜2包

调料　酱油、糖、盐

做法

1　豆腐切成薄片；榨菜洗净切丝。

2　锅内入油，放入豆腐，小火煎至两面金黄，撒少许盐，盛出待用。

3　榨菜丝入油锅中炒香，放入豆腐，加少许糖、酱油，翻炒均匀后食用。

家常豆腐

材料　豆腐1块、胡萝卜1段、青尖椒1根、红尖椒1根、香菇6朵、
　　　面粉适量

调料　生姜、酱油、糖、盐、芝麻油

做法

1　豆腐切成厚片，抹少许盐，腌一会儿。

2　胡萝卜去皮洗净，切片后用模具压成花形。香菇泡软切对半；辣
　　椒切滚刀；姜切片。

3　豆腐片蘸满面粉，放入油锅中炸成金黄色，捞出沥油。

4　锅内留少许油，爆香姜片，下香菇、胡萝卜片炒香，加入开水、白
　　糖、酱油、盐、豆腐，一起炖煮。快熟时放入青红尖椒片、芝麻油，
　　拌匀后食用。

五彩豆腐排

材料　素鸡1个、四季豆少许、西红柿1个、青辣椒少许、黄瓜1小段

调料　酱油、芝麻油、胡椒粉、盐、土豆粉

做法

1 素鸡切成圆片；西红柿、黄瓜、青辣椒全部切粒；四季豆去筋切片；香菜切末。

2 素鸡片蘸满土豆粉，入油锅内炸成金黄色，捞出沥油后装入盘内摆放整齐。

3 锅内留少许油，下四季豆、西红柿、青辣椒、黄瓜炒香，再加入少许水、盐、胡椒粉、酱油、芝麻油，炒熟后浇在素鸡片上，即可食用。

小常识

◎ 好的素鸡为乳白色或淡米色，稍带咸味，切开后切面光亮，看不到裂痕。

◎ 土豆（全）粉，是以新鲜土豆为原料，脱水干燥而制成的细粉末，能够和胃健中，解毒消肿。

香煎豆腐排

材料 柳松菇1包、豆腐1块、高汤适量、芹菜少许

调料 素蚝油、酱油、生粉、白糖、熟芝麻

做法

1 柳松菇洗净；芹菜洗净切碎。豆腐切成长方形厚块，入锅内煎至四面金黄后，盛盘待用。

2 取适量的酱油、素蚝油、白糖、生粉、清水兑成调料汁。

3 把高汤倒入锅内，放入柳松菇、酱油，煮熟后淋上调料汁。

4 将煮开的柳松菇高汤淋在豆腐上，加少许芝麻油、熟芝麻、芹菜末，即可食用。

小常识

◎ 柳松菇含有大量氨基酸、维生素以及矿质元素，其菌盖表面的一层黏液，具有恢复和提高体力、脑力的特殊作用。

◎ 煎豆腐时，始终保持中火，既能使豆腐表层迅速焦脆，又能封住豆腐中的水分，保持内部的嫩滑。

纳豆油豆腐泡

材料　豆腐2块

调料　纳豆

做法

1　豆腐切成四方块，入平底锅内煎至发黄变硬时盛出。

2　将豆腐内部掏空（不要把两面的豆腐皮戳破），取适量的纳豆塞入缝隙中，切成三角形，摆入盘中即可食用。

小常识

◎ 纳豆初始于中国的豆豉，类似发酵豆、怪味豆，它制作简单，风味独特，价格低廉，常吃有益健康。

◎ 纳豆是由小粒黄豆经纳豆菌发酵而成的一种健康食品，能改善便秘，清除体内致癌物质，提高记忆力等。

◎ 纳豆激酶不耐热，应尽可能不加热食用，可以把它当作调料拌着蔬菜吃，而且晚餐吃纳豆保健效果最好。

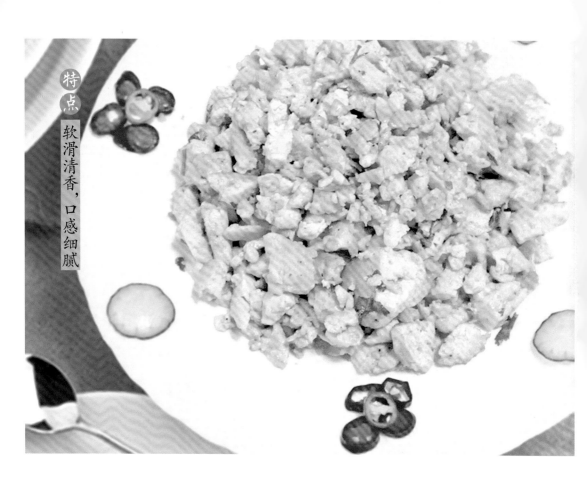

鸡刨豆腐

材料　鸡蛋1个、豆腐1块

调料　姜、香菜、盐、糖、花椒粉

做法

1　鸡蛋去壳放入碗中打散；香菜洗净切碎；姜切末。

2　油锅烧热，放入整块豆腐，用铲子将豆腐切成小块，然后加盐、糖、姜末、花椒粉炒匀，倒入鸡蛋液翻炒均匀后，撒上香菜末，即可起锅。

小常识　这种烹制豆腐的方法，能更好地让鸡蛋味道进入豆腐中，很多老人家爱吃。

茴香炒黄豆豇豆米

材料　豇豆1碗、青黄豆1碗、茴香适量

调料　糖、酱油、盐、姜

做法

1　茴香洗净切碎；姜切末；豇豆、青黄豆用开水煮至八成熟捞出。

2　锅内入油烧热，爆香姜末，下青黄豆、豇豆炒匀，加入酱油、盐、白糖，调味后炒熟，再放入茴香末，待豆子入味后，盛出食用。

小常识　李时珍称豆"可菜、可果、可谷，备用最好，乃豆中之上品"。

西红柿焖黄豆

材料　干黄豆1碗、西红柿2个

调料　番茄酱、姜、糖、胡椒粉、盐、生粉水

做法

1 黄豆洗净泡软，煮至七成熟后，沥水待用；西红柿去皮切粒；姜切末。

2 锅内入油烧热，爆香姜末，下西红柿、糖、胡椒粉炒香，再放入黄豆、盐、开水，焖煮10分钟，然后加入番茄酱煮成浓汁，待黄豆熟后，淋上生粉水，收汁起锅。

雪里蕻炒黄豆

材料　雪里蕻1碗、黄豆1大碗

调料　干辣椒、盐

做法

1　雪里蕻洗净切碎；干辣椒剪成段。

2　锅内入油烧热，炸香干辣椒，下黄豆炒至断生，再加入雪里蕻、盐，炒熟后食用。

小常识　雪菜有黄色和绿色两种，绿色的是刚泡腌不久的，黄色的是泡腌时间比较长的。

西红柿炒五色豆

材料　黄豆、红腰豆、蚕豆、花豆、毛豆、西红柿各适量

调料　姜、香菜、盐、糖、番茄酱、芝麻油

做法

1 西红柿洗净切粒；香菜、姜切末；黄豆、红腰豆、花豆泡软，蚕豆
　泡软后去皮；毛豆洗净待用。

2 油锅烧热，下姜末爆香，放入五色豆、盐炒匀，再倒入西红柿炒
　成浓汁。

3 放入番茄酱、开水、糖、盐调味，炒熟后加香菜末、芝麻油，拌匀
　起锅。

小常识

◎ 豆类的纤维素，对肠道健康十分有益。豆子还含有大量矿物质，能
　维持人体酸碱平衡。

◎ 如果经常吃精白面、精白米，会使体质偏酸，吃豆子就可以使这种
　状况得到很大的缓解，因为豆子是偏于中性的。

特点 色泽淡黄，鲜香醇厚

青椒炒水豆豉

材料　青椒3根、水豆豉1碗

调料　姜、白糖、盐、芝麻油、香菜

做法

1 青椒洗净去籽切碎；姜洗净切末。

2 锅内入油烧热，下姜末、青椒末炒香，放入水豆豉、白糖、盐炒匀，待豆豉水分收干后，加入香菜末、芝麻油，拌匀后食用。

小常识　水豆豉口味鲜美馨香，可以直接佐餐，也可以作调料，供烹调、蘸食之用。

茴香炒豌豆

材料　茴香适量、豌豆1碗

调料　姜、酱油、盐、糖、芝麻油、香菜

做法

1 茴香洗净切段；豌豆去壳洗净，姜切末。

2 锅内入油烧热，爆香姜末，下豌豆炒至断生后，加酱油、盐、糖、开水，中火翻炒至九成熟时，放入茴香，炒至入味后食用。

小常识　这道菜既有豌豆的清香，又有茴香独特的香味。也可以放点青红辣椒，别有风味。

西红柿烧豌豆米

材料　新鲜豌豆1碗、西红柿1个

调料　姜、酱油、糖、盐、胡椒粉

做法

1　西红柿洗净切粒；姜洗净切末。

2　锅内入油烧热，下姜末爆香，放入豌豆炒至五成熟，加入盐、糖、胡椒粉、酱油调味，然后倒入西红柿炒匀，加少许水焖熟后食用。

小常识　豌豆中富含粗纤维，能促进大肠蠕动，保持大便通畅，起到清洁大肠的作用。

红烧面筋豌豆米

材料　面筋2条、豌豆1碗

调料　豆瓣酱、酱油、糖、芝麻油、花椒油、生粉

做法

1 面筋切丝，放入碗中，加生粉、酱油、糖、花椒油、豆瓣酱拌匀。

2 锅内入油烧热，下面筋炒香，放入豌豆，中火炒熟后加芝麻油，拌匀起锅。

小常识　面筋，相传是南朝梁武帝所创制，一直是我国素菜中的经典食材。

毛豆胡萝卜炒腰果

材料　胡萝卜1段、毛豆1碗、腰果1小碗、玉米粒1小碗

调料　姜、芝麻油、盐、胡椒粉

做法

1　胡萝卜洗净切丁；毛豆去壳，姜洗净切末。

2　锅内加水烧开，放入胡萝卜丁、青豆煮2分钟后，沥水待用。

3　腰果放入油锅中，炸成金黄色，沥油待用。

4　锅里留少许油，爆香姜末，下胡萝卜、青豆、玉米粒炒匀，再加入少许水、盐、胡椒粉，炒至入味后倒入腰果拌匀，淋上芝麻油，即可食用。

茴香煮稀豆粉

材料　豌豆粉1碗、茴香适量

调料　芝麻油、盐、辣椒油

做法

1 茴香洗净切碎；豌豆粉加水调成糊。

2 锅内加水烧开，倒入豌豆糊不断搅动，煮5分钟，再加入盐、茴香末，煮开后淋上芝麻油出锅，食用时加入辣椒油即可。

小常识　豌豆粉糊容易糊锅，因此要一边煮一边不停地搅动。这道菜可以凉吃，也可以热吃。

特点 翠绿爽口，酱香浓郁

油焖刀豆

材料　素肉1块、刀豆半斤

调料　姜、香菜、生粉、盐、酱油、芝麻油

做法

1　刀豆洗净切段；素肉切丁；姜、香菜切末。取适量的盐、酱油、生粉、水，兑成调味汁。

2　锅内入油烧热，爆香姜末，先下素肉丁炒香，再放入刀豆，中火翻炒至八成熟后，转小火倒入调料汁，拌匀后撒上香菜末即可。

小常识　食用刀豆时，一定要炒熟煮透，否则易引起食物中毒。

毛豆煮茴香

材料　新鲜毛豆、茴香各适量

调料　盐、花椒粉、胡椒粉

做法

1 把新鲜毛豆仁洗净，放入搅拌机内，加入花椒粉、胡椒粉打成浆
　待用；茴香洗净切碎。

2 油锅烧热，下茴香炒香，放入毛豆浆、盐炒匀，再加入开水煮熟，
　即可食用。

小常识　毛豆有除胃热、消水肿的功效，茴香同样具有调理脾胃的作用，
　　　　一同煮食效果更佳。

85

烧扁豆

材料　扁豆半斤

调料　姜、酱油、盐、芝麻油、糖

做法

1 锅内入油烧热，下姜片爆香，放入扁豆、酱油、糖、盐炒匀。

2 加入开水，用中火焖煮至扁豆熟透，淋上芝麻油，拌匀食用。

小常识　扁豆营养非常丰富，但是有毒，所以扁豆一定要煮至熟透才可以食用。

特点 滑嫩鲜粉，色泽酱红

鱼香荷包豆

材料　荷包豆1斤、香菇6朵、红萝卜1段、素肉适量、泡辣椒2根

调料　香菜、糖、姜、盐、醋、酱油、生粉

做法

1　香菇、红萝卜、香菜洗净后切碎；泡辣椒、素肉切丁；姜切末。

2　荷包豆放入开水中煮8分钟后捞出待用。

3　取适量的调料、香菜末放入碗内，加水兑成鱼香汁。

4　锅内入油烧至七成热，爆香泡辣椒，下香菇碎、素肉碎、红萝卜碎、姜末炒香，再加入开水、荷包豆，焖熟后倒入鱼香汁，收汁后出锅。

姜蓉炒豆角

材料　紫色豆角适量

调料　姜、酱油、糖、盐

做法

1 豆角掰成段，洗净后控干水分；姜洗净切末。

2 油锅烧热，下姜末爆香，倒入豆角，加盐、糖、酱油、开水焖煮8分钟，待汤汁收干，即可食用。

小常识　紫色蔬菜中含有花青素，具备很强的抗氧化能力，长期使用计算机的朋友应多摄取。

木耳腐竹炒荷兰豆

材料　木耳1把、腐竹适量、荷兰豆半斤、红萝卜1小段

调料　姜、酱油、盐、芝麻油、糖

做法

1　腐竹泡软切丝；木耳泡软洗净撕成小朵；红萝卜、姜切片；荷兰豆焯水后，沥干待用。

2　锅内入油烧热，下姜片、红萝卜爆香，放入腐竹、木耳、荷兰豆炒匀，加少许水、酱油、糖、盐，调味炒熟后，淋上芝麻油即可。

小常识　烫荷兰豆时，在开水锅加点糖，可以保持荷兰豆色翠绿，不易变黄。

干煸四季豆

材料　四季豆半斤、四川芽菜适量
调料　盐、姜、花椒、干辣椒
做法

1　四季豆掰成段，洗净控干水分；干辣椒切成小段，姜洗净切末。
2　四季豆放入七成热的油锅中炸软后，沥油待用。
3　锅内留少许油，下姜末、芽菜用小火炒香，再放入花椒、盐、干辣椒炸香，倒入四季豆翻炒均匀，熟后起锅。

小常识

◎ 烹调前要将四季豆的豆筋择除，否则既影响口感，又不易消化，而且一定要炒至熟透，否则会发生中毒。可以先将四季豆入油锅略炸一下，这更易入味，达到浓缩风味的效果。

扁豆炖土豆

材料　土豆2个、扁豆1把

调料　姜、酱油、甜面酱、八角、盐、糖

做法

1 土豆去皮洗净切成滚刀；扁豆去筋洗净；姜切片。

1 油锅烧热，爆香姜片、八角，下扁豆、甜面酱翻炒均匀后，放入土豆、酱油、盐、糖，炒出香味。

1 加开水淹过土豆，中火炖煮15分钟，待汤汁收干后装盘食用。

小常识

◎ 挑选食用的嫩扁豆时，因荚色不同，有白扁豆、青扁豆和紫扁豆三种。荚皮光亮、肉厚不显籽的嫩荚为好，炒过之后肉嫩肥厚、清香味美；如果荚皮薄、籽粒显、光泽暗，就是已经老熟的扁豆。

◎ 土豆削皮时，只削掉薄薄的一层，因为土豆皮下面的汁液含有丰富的蛋白质。

特点 香滑化渣，口感筋道

豆角炖粉条

材料　四季豆半斤、红薯粉条适量

调料　鸡枞油、酱油、盐

做法

1　四季豆去筋洗净掰成段；红薯粉条略微浸泡后待用。

2　锅内加水烧开，放入粉条、鸡枞油、四季豆、酱油、盐，炖煮15分钟，待汤汁收干后加少许盐，调味起锅。

小常识　用炸过鸡枞的油烧这道菜，把鸡枞的香味都保留了，味道非常香浓。

干板菜煮豆米

材料　云南干板菜1把、干蚕豆1碗

调料　胡椒粉、姜、香菜、芝麻油、盐、糖

做法

1　云南干板菜充分泡软后切段；干蚕豆泡软洗净剥皮；香菜切碎；姜切丝。

2　锅内加入开水，放入姜丝、食用油、干板菜、蚕豆略煮片刻，加糖、盐、胡椒粉调味，待蚕豆熟软后，加入芝麻油、香菜末拌匀即可。

小常识　干板菜是云南很出名的一道腌菜，它以芥菜为原料，通过泡制、晾晒等工序制成美味的干板菜，可有多种烹调方式。

橄榄菜炒扁豆

材料　扁豆适量

调料　橄榄菜、盐、酱油、姜

做法

1　扁豆去筋洗净切成段；姜洗净切成片。

2　锅内入油烧热，下姜片爆香，倒入扁豆，加少许盐、开水，焖熟，再放入酱油、橄榄菜，调味后食用。

小常识

◎ 橄榄菜是潮汕地区所特有的风味小菜，取橄榄甘醇之味，芥菜丰腴之叶，煎制而成。因色泽乌艳，油香浓郁，美味诱人而成为潮汕人日常居家的小菜美食。

◎ 橄榄菜"清、鲜、爽、嫩、滑"，菜脯和咸菜一样，也是一种重要的潮菜原料，用它炒或蒸，能产生一种特殊的油香美味。

干豆角炖土豆

材料　土豆2个、干豆角1小把

调料　香菜、姜片、八角、酱油、盐

做法

1　干豆角泡软洗净，切成段；土豆去皮洗净切成小块；香菜切碎；
姜切片。

2　炒锅入油烧热，下八角、姜片爆香，放入豆角、酱油炒匀后，倒
入土豆，加盐、开水（淹过土豆），炖煮20分钟，熟后撒上香菜末，
拌匀食用。

小常识　干豆角有滋阴补血，清热化腻的功效。与其他食物一起炖煮，风味独特。

粉蒸土豆

材料　土豆3个、米粉适量

调料　醪糟、酱油、豆腐乳、花椒、姜、郫县豆瓣酱、盐

做法

1　土豆切块；豆腐乳加水调成汁。把花椒碎、豆瓣酱、姜末、豆腐乳汁、酱油放入米粉内拌匀，再加入土豆、食用油、醪糟，让土豆裹满米粉待用。

2　取大碗一只，在碗底均匀抹一层油，把拌好的土豆倒入碗中，入蒸锅大火蒸45分钟，食用时倒扣装盘即可。

红萝卜香菇炖土豆

材料　土豆1个、红萝卜1根、香菇适量

调料　酱油、盐、姜、香菜

做法

1　红萝卜、土豆去皮洗净切滚刀；香菜洗净切小段；香菇泡软；姜切片。

2　锅内入油烧热，下姜片、香菇爆香，放入酱油、红萝卜翻炒，待萝卜变软后，加入土豆、开水（淹过土豆）炖熟，食用时撒上香菜末即可。

小常识　红萝卜含有大量的胡萝卜素，有补肝明目的作用。

土豆炖豆角

材料　豆角适量、土豆3个
调料　酱油、姜、盐、八角
做法

1　土豆去皮洗净切成滚刀；豆角去筋洗净掰成小段；姜洗净切片。

2　锅内入油烧热，爆香八角、姜片，下豆角、土豆炒至断生，再加入盐、酱油、开水炖煮15分钟，熟后食用。

小常识　土豆要选择颜色均匀的，不要有绿色和长出嫩芽的。

咖喱土豆

材料　土豆3个、红萝卜1根、青辣椒1根、红辣椒1根

调料　咖喱块、八角、盐、香菜

做法

1　把所有的材料洗净切成滚刀；香菜洗净切段。

2　锅内入油烧热，爆香八角、红萝卜，下青红辣椒、土豆炒香，再加入盐、咖喱块，拌匀后加开水，焖煮至土豆可用筷子扎透时，出锅食用。

老干妈土豆丝

材料　土豆2个

调料　老干妈豆豉酱、花椒、干辣椒、盐

做法

1　土豆去皮洗净切丝；干辣椒洗净切碎。

2　锅内入油烧熟，爆香干辣椒、花椒，下土豆丝炒软，再加入盐、豆豉酱，炒熟食用。

小常识　老干妈的酱料制品种类繁多，可根据个人喜好选择，煮菜时用来调味，方便快捷。

特点 三色相映，咸中带酸

尖椒炒土豆丝

材料　土豆2个、青辣椒1根、红辣椒1根

调料　姜、醋、盐、白糖、酱油

做法

1　青、红辣椒去籽切丝；土豆去皮洗净，切丝后泡水待用；姜切末。

2　炒锅入油烧热，爆香姜末，下青红辣椒丝、土豆丝翻炒，加酱油、盐、白糖调味，待土豆丝熟后，放入1小勺醋，拌匀出锅。

干煸土豆丝

材料　土豆2个

调料　椒盐

做法

1　土豆去皮洗净，切成丝。

2　平底锅内入油烧热，放入土豆丝，用中火摊成圆饼，煎成金黄色后翻面，待另一面也煎黄时，撒上椒盐，即可食用。

小常识　制作土豆饼时，宜薄不宜厚，太厚了中间的部分不易熟。

土豆炖海带

材料　土豆3个、海带1张

调料　酱油、盐、八角、东北大酱、姜、香菜、糖

做法

1 土豆去皮洗净，切成滚刀后泡水；海带泡软洗净切成长条；香菜切碎，姜切片。

2 锅内入油烧至七成热，下姜片爆香，放入海带、土豆、酱油、东北大酱翻炒2分钟，再加入八角、糖、开水炖熟，加盐、香菜，调味后食用。

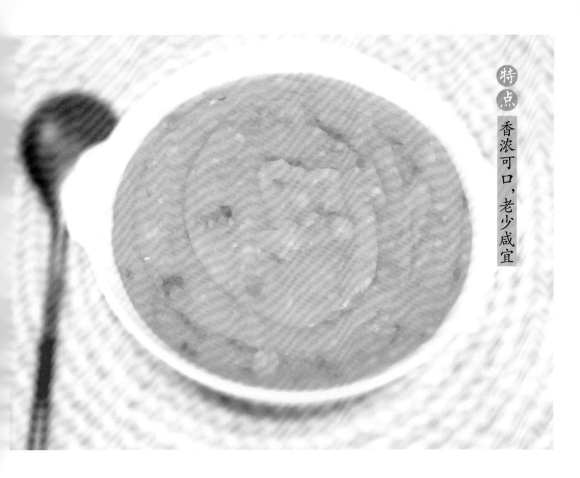

西红柿炒土豆泥

材料　西红柿1个、土豆2个

调料　盐、糖

做法

1　土豆洗净，煮熟后去皮切块，倒入搅拌机内加水打成土豆泥；
西红柿去皮切粒。

2　锅内入油烧热，下西红柿粒炒成浓汁，再放入土豆泥拌匀，
加盐、糖，调味后食用。

小常识　如果土豆泥炒得太干了，可以加点清水。用它配米饭，非常美味。

西红柿烧土豆

材料 西红柿2个、土豆2个

调料 香菜、盐、胡椒粉、番茄酱

做法

1 西红柿去皮剁碎；土豆去皮洗净切成薄片；香菜洗净切段。

2 锅内入油烧热，放入番茄酱炒香，加开水（淹过土豆）、土豆片、胡椒粉、盐，焖煮8分钟，再放入西红柿，熟后出锅，食用时撒上香菜段即可。

小常识 喜欢用汤汁拌饭的朋友，可以多加点水，又成了西红柿土豆汤。胃口不佳时，尝试煮一锅，无论是味道还是颜色都很开胃。

茄子炖土豆

材料　长茄子2条、土豆1个

调料　东北大酱、花椒粉、姜、香菜

做法

1. 茄子洗净切成滚刀，入油锅炒软后盛出。土豆去皮切滚刀。

2. 锅内加少许油，爆香大酱、姜末，下茄子炒匀，加开水、花椒粉、土豆，用中火炖熟，起锅时撒上香菜末即可。

小常识　炖菜，时间要长，让酱香的味道更好地入味，要等到蔬菜把水分完全收干才出锅。

鱼香茄子

材料　长茄子3条

调料　生抽、醋、姜、糖、盐、生粉、泡辣椒

做法

1　茄子洗净切成滚刀；泡辣椒切粒；姜洗净切末。

2　取适量的生抽、醋、姜末、盐、糖、生粉，加少许水调成鱼香汁。

3　茄子入油锅内炸软后，沥油待用。

4　锅内留少许油，下姜末、泡辣椒爆香，加入茄子炒匀，再倒入鱼香汁，收汁后起锅。

小常识　茄子表面覆盖着一层蜡质，能够保护茄子。蜡质层受到损害，茄子容易腐烂变质。要保存的茄子不能用水冲洗，还要防雨淋，防磕碰、防受热等，最好存放在阴凉通风处。

味噌茄子

材料　茄子3条、香菇适量

调料　味噌酱、白糖、酱油、素蚝油、芝麻油、盐

做法

1 茄子洗净切滚刀，泡盐水待用；香菇泡软切粒。将调料混合兑成味噌汁。

2 锅内入油烧热，爆香香菇粒，下茄子炒软，再倒入味噌汁，中火烧至入味后，装盘食用。

小常识　味噌酱的味道很鲜，用酱油调味就可以了，不需要再放盐。

老干妈茄子丝

材料　茄子2条

调料　老干妈豆豉酱、花椒、干辣椒、盐、香菜

做法

1 茄子洗净切成丝；干辣椒切小段；香菜洗净切末。

2 锅内入油烧至八成热，下花椒、干辣椒炸香，放入茄子丝、盐炒软，再加入豆豉酱，待茄子熟透，撒上香菜末，拌匀食用。

小常识　茄子是少见的紫色蔬菜之一，它的紫皮中含有丰富的维生素E和维生素P。

糖醋茄子

材料　茄子3条、青辣椒半根、红辣椒半根

调料　姜、香菜、醋、糖、盐、番茄酱、酱油、生粉

做法

1 茄子对半破开，在茄背上划出十字花纹路，再切成长段。

2 青、红辣椒洗净切粒；香菜、姜洗净切末。

3 取适量的生粉、醋、酱油、盐、糖放入小碗内，调成糖醋汁待用。

4 茄子入油锅炸至八成熟后，捞出沥油。

5 锅内留少许油，爆香姜末、青红辣椒，下番茄酱炒香，再加入开水、茄子，焖熟后倒入糖醋汁，撒上香菜末，拌匀食用。

酱爆茄子

材料　茄子2条

调料　香菜、豆瓣酱、九层塔

做法

1 茄子洗净切成厚条，入油锅炸软后，沥油待用。

2 锅内入油烧热，下豆瓣酱爆香，放入茄子炒匀，待茄子入味后，加香菜末、九层塔，拌匀出锅。

小常识　炸茄子时油温可以高一些，否则的话茄子会很吸油。

酱炒茄子

材料 圆茄子1个、青椒2根

调料 豆瓣酱、甜面酱、盐

做法

1 茄子、青椒洗净切丝。

2 锅内入油烧热，下豆瓣酱、甜面酱爆香，放入茄子丝炒软后，加入青椒丝、盐，炒熟即可。

小常识 茄子切丝后，在盐水里泡一会儿，去掉黑色素，茄子就不容易变黑。

毛豆烧茄子

材料　毛豆1小碗、茄子3条

调料　姜、糖、生粉、酱油、盐、香菜

做法

1 毛豆洗净煮熟；茄子去皮洗净切段，泡入盐水中待用；香菜、姜切末。

2 取适量的生粉、姜末、糖、酱油、盐、香菜末，加少许水兑成调料汁。

3 油锅烧熟，放入茄子炒软，再加入毛豆，炒熟后淋上调料汁，收汁起锅。

红椒茄子

材料　茄子5条、青辣椒1根、红辣椒1根

调料　盐、姜、醋、酱油、芝麻油、香菜

做法

1　茄子洗净去皮，蒸熟后放凉。青红辣椒、姜洗净切碎后盛入碗中。

2　锅内加少许油烧热，倒入辣椒碗中，再加入醋、酱油、芝麻油、盐，兑成调味汁。

3　把蒸好的茄子撕成长条，入碗内摆放整齐，淋上调味汁，撒上香菜末，拌匀食用。

炸茄盒

材料　茄子1条、面粉适量、鸡蛋1个

调料　胡椒粉、芝麻油、盐、糖

做法

1 取适量的面粉放入盆中，加胡椒粉、芝麻油、鸡蛋、糖、盐、清水调成面糊。

2 茄子洗净切成厚片，取少量盐均匀撒在茄子片上，腌几分钟。

3 把茄片均匀地裹上面糊，放入五成热的油锅中，炸至定型微黄时捞出，待油温回升后复炸成金黄色，即可出锅。

小常识　油炸食品在烹制过程中裹上面糊，就是我们常说的"挂糊"。根据不同的食物，"糊"所调制的厚薄也有所不同。如果面糊调得太稠太厚，炸出的食物容易外焦里生；如果太稀太薄，炸出的食物容易脱糊掉浆。

平菇炒木耳

材料　木耳1把、平菇半斤、青辣椒1根、红辣椒1根

调料　胡椒粉、豆瓣酱、酱油、糖、盐、姜

做法

1　辣椒洗净去籽切成圆圈；木耳泡软洗净切小朵；平菇洗净撕成丝。

2　平菇放入开水锅内烫几分钟，去除涩味后挤干水分。

3　锅内入油烧热，爆香姜丝、豆瓣酱，下辣椒、木耳炒软，放入平菇、酱油、糖、盐、胡椒粉翻炒均匀，熟后起锅。

小常识

◎ 平菇健脾开胃，木耳养血驻颜，这两样一起烹煮，平常的家常菜，吃起来既美味又营养健康。

◎ 黑木耳中铁的含量十分丰富，所以常吃木耳能令人肌肤红润，容光焕发，防治缺铁性贫血。

◎ 木耳一般以干货比较常见，保存时注意干燥、通风、凉爽，避免阳光直射，避免压重物或经常翻动。只要保存得当，能放很久。

椒盐平菇

材料　平菇适量、鸡蛋1个、面粉适量

调料　红辣椒、辣椒粉、胡椒粉、盐、芝麻油

做法

1. 平菇洗净撕成细条;红辣椒洗净去籽切末。
2. 鸡蛋打入面粉盆中,加芝麻油、盐、清水顺时针搅拌,调成面糊。
3. 把平菇放入面糊盆中,挂糊后入油锅炸成金黄色,捞出沥油。
4. 将盐放入空锅中炒热,再加少许辣椒粉、胡椒粉拌匀,炒香后倒入平菇中,撒上红辣椒碎,即可食用。

小常识

◎ 调制面糊时,要顺时针搅拌,水一次不要加太多,一边加水一边搅拌,需要的时候再加。添加鸡蛋之后,吃起来口感好,不会发硬。

◎ 爱吃辣的朋友,在炒椒盐时,可以多加点辣椒粉。

平菇炒青红椒丝

材料　平菇半斤、红辣椒2根、青辣椒2根

调料　姜、素蚝油、酱油膏、酱油、胡椒粉、芝麻油、生粉

做法

1　青、红辣椒洗净去籽切成丝；平菇洗净撕成细丝。

2　平菇入开水锅内焯水，去除涩味后过凉水，挤干待用。

3　取适量的生粉、素蚝油、酱油膏、酱油、胡椒粉、芝麻油放入平菇丝中拌匀，腌2分钟。

4　锅内入油烧热，下平菇丝、青红辣椒丝、姜丝炒熟，再加入少许芝麻油，拌匀即可。

青椒炒水红菌

材料 水红菌1斤、青尖椒5根

调料 姜、盐、冰糖粉、酱油

做法

1 水红菌洗净切大块；青尖椒洗净去籽切滚刀；姜切丝。

2 水红菌入开水锅内煮几分钟后，沥水待用。

3 锅内入油烧热，下姜丝、青尖椒爆香，放入水红菌，加盐、冰糖粉、酱油炒匀，熟后起锅。

小常识

◎ 菌类植物的营养价值十分丰富，含有较多的蛋白质、碳水化合物、维生素等，还有微量元素和矿物质，多吃可增强人体免疫力。丰富的蛋白质提供了鲜味，这也是野生菌口味鲜美的原因所在。

◎ 新鲜的菌类不要沾水，用干净的湿布擦干以后，伞面朝下柄朝上，放在保鲜袋里。将保鲜袋扎几个孔，放在冰箱里冷藏即可。

炒冷菌

材料　冷菌适量

调料　酱油、冰糖粉

做法

1 冷菌先清洗几遍,再用温水泡开,洗净后撕成小朵待用。

2 锅内入油烧热,放入冷菌翻炒片刻,再加入冰糖粉、酱油调味,
用中火炒干菌子的水分,熟后起锅。

小常识

◎ 用冷水先把菌子淘洗两遍,再用温水将菌子泡开。清洗时,剪去菌
子根部较硬的梗位,菌把上的泥土和杂质用小刷子刷干净,最后再
用清水过一遍。

◎ 泡冷菌的水,是很好的上汤,用来做菜、煮汤,味道特别香。我们学
佛的同修不饮酒,也可以不加料酒(把它当调料是可以的)。

◎ 炒冷菌时,一定要把菌子的水分炒干,炒到菌子没有"啪啪"的爆
破声,水分就干了。但是要注意,也不要炒得太干,否则吃起来口
感会比较硬。

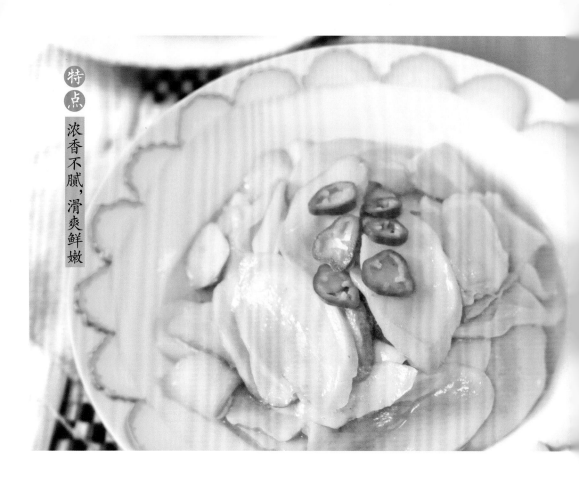

烧鸡腿菇

材料　鸡腿菇3个

调料　盐、酱油、冰糖粉、八角

做法

1　先把鸡腿菇洗净切成斜片。

2　锅内入油烧热，下八角炸香，放入鸡腿菇炒软后，加酱油、冰糖粉调味，焖煮5分钟，熟后起锅。

小常识　鸡腿菇口感肥嫩，富含多种维生素和矿物质，能益胃清神，增进食欲。

炒见手青菌

材料　见手青菌适量、青尖椒3根、红尖椒1根

调料　姜、盐、酱油

做法

1　见手青菌、青红尖椒洗净切成斜片；姜洗净切丝。

2　炒锅入油烧热，爆香姜丝、青红尖椒片，放入菌子，加少许盐、酱油翻炒均匀后，焖煮1~2分钟，熟后起锅。

小常识　"见手青"是一种野生牛肝菌，烹炒时放几片大蒜，如果大蒜变黑，说明菌子有毒。

蒸香菇

材料　香菇适量

调料　姜片、芝麻油、素蚝油、生抽、糖、生粉

做法

1 姜洗净切片。香菇用温水泡软泡透，挤干水分。

2 香菇抹上生粉，揉搓清洗干净，再裹上生粉腌几分钟。

3 香菇、姜片入开水锅内煮2分钟后，捞出盛入碗中，加素蚝油、酱油、糖、芝麻油拌匀。

4 将香菇放入盘中，入蒸锅用大火蒸20分钟，即可食用。

炒虎掌菌

材料　虎掌菌适量、青尖椒适量

调料　酱油、盐、姜、冰糖粉

做法

1 把虎掌菌洗净切成厚片；青尖椒切成圈；姜洗净切片。

2 锅内不放油，将虎掌菌倒入空锅中炒干水分，盛出待用。

3 添油入锅烧至八成热，爆香姜片，放入青尖椒炒香，倒入虎掌菌，加酱油、盐、冰糖粉翻炒，待菌子熟后，装盘食用。

小常识

◎ 虎掌菌是一种野生食用菌，味道鲜美，肉质细嫩，香味独特。虎掌菌性平味甘，有追风散寒、舒筋活血的功效。

◎ 虎掌菌的营养价值很高，新鲜的虎掌菌有浓郁的香味，制成干虎掌菌后香味更加突出。用它煮出的汤，香气浓厚，能减轻忧郁和消沉，使人有轻松愉快的感觉。

炒松茸

材料　野生新鲜松茸6个、青辣椒1根、红辣椒1根

调料　酱油、盐、姜

做法

1 先将松茸洗净切成片；青红椒洗净去籽切丝；姜洗净切丝。

2 油锅烧至八成热时，爆香姜丝、辣椒丝，下松茸炒软，再加入酱油、盐调味，待松茸炒熟入味后，装盘食用。

小常识

◎ 松茸菌肉白嫩肥厚，质地细密，有浓郁的特殊香气。营养价值极高，味道十分鲜美。具有益胃补气，强心补血，健脑益智、理气化痰等功效。

◎ 松茸的表面有一层黑色的茸，这层茸非常的细嫩，口感很好，在清洗的时候注意不要把茸洗掉了。干松茸可以拿来炖汤，很可口。

青红辣椒炒木耳

材料　木耳1大把、青辣椒1根、红辣椒1根

调料　盐、酱油、姜、糖、生粉水、香菜

做法

1 木耳泡软洗净切小块，辣椒洗净去籽切丝；香菜切段；姜切末。

2 姜末、青红辣椒下油锅爆香，再加入木耳、糖、酱油、盐、清水，炒熟食用。

小常识　优质木耳表面黑而光润，有一面呈灰色，手摸上去比较干燥，没有颗粒感和异味。

干烧竹笋

材料　雪菜1棵、冬笋1根

调料　盐

做法

1　冬笋去皮洗净切成滚刀，加盐码味。雪菜洗净切段。

2　锅内入油烧至六成热，放入冬笋炒成深黄色，再放入雪菜，炒熟后食用。

小常识　立秋前后，毛竹的地下茎侧芽发育成冬笋，因尚未出土，笋质十分幼嫩。

油焖笋

材料　云南干笋适量

调料　姜、酱油、盐、糖、芝麻油

做法

1　将干笋泡软洗净后，撕成细丝；姜洗净切末。

2　锅内入油烧热，爆香姜末，下笋丝炒香，再加入酱油、糖、盐、开水，焖熟入味后，淋上芝麻油，拌匀起锅。

小常识　干笋在食用前必须经过水发。先用温水浸泡一两天，每天换水一次，防止发酸。

特点
菇笋相宜，咸鲜脆嫩

香菇焖笋

材料　竹笋干适量、香菇1小把

调料　姜、酱油、糖、盐、胡椒粉

做法

1　竹笋泡软洗净后，撕成细条；香菇泡软洗净后切丝；姜切末。

2　锅内入油烧热，爆香香菇丝，下姜末、酱油、笋丝炒香，再加开水淹过竹笋，焖熟后加糖、盐、胡椒粉，调味后再煮2分钟，起锅食用。

小常识　竹笋自古被当作"菜中珍品"，能促进肠道蠕动，帮助消化，去积食，防便秘。

干锅竹笋

材料　竹笋干适量

调料　姜、糖、酱油、花椒、胡椒粉、干辣椒、豆瓣酱、芝麻油、香菜

做法

1　竹笋干泡软洗净切丝；干辣椒切段；香菜、姜洗净切末。

2　油锅内烧热，下姜末、豆瓣酱炒出红油，再放入花椒、干辣椒炸香。

3　加入竹笋丝、酱油、糖、胡椒粉翻炒均匀后，倒入开水焖熟，待汤汁收干时淋上芝麻油，即可食用。

小常识

◎ 干、香、辣、麻是这道菜的精髓所在，所以烹调时，加水不宜过多，等到将汤水收干后，才能把其中的干香气息充分挥发出来。

◎ 购买散装竹笋干时，选择手感干燥、闻起来没有异味为最好。

特点

干辣香脆，滑爽鲜美

雪菜香笋

材料　雪菜3棵、香笋2根

调料　酱油、盐、白糖、生粉、姜片、芝麻油

做法

1 香笋去壳洗净切条，入开水锅中焯水后沥干；雪菜去除根茎保留叶子，泡水待用。

2 把盐、酱油、糖放入开水锅内煮成酱汁，然后倒出，加生粉水拌匀备用。

3 锅内入油烧热，放入雪菜炒熟后，盛盘待用。

4 姜片入油锅爆香，放入笋条炒熟，再将煮好的酱汁淋在笋条上，收汁后盛入雪菜盘中食用。

青红辣椒炒鲜竹笋

材料　鲜竹笋2根、青辣椒1根、红辣椒半根

调料　酱油膏、酱油、盐、糖、姜、九层塔

做法

1　竹笋去皮洗净，放入冷水锅中煮15~20分钟，过凉水后切成细丝。辣椒洗净去籽切丝。九层塔择好洗净。

2　锅内入油烧热，下姜丝爆香，放入辣椒丝、笋丝翻炒片刻，加酱油、酱油膏、糖、盐调味，待笋丝炒熟后放入九层塔，拌匀出锅。

油焖茭白

材料　茭白3根

调料　盐、糖、酱油

做法

1 茭白去皮洗净切滚刀。取盐、糖、酱油，加水兑成调味汁。

2 油锅烧热，下茭白炒香后，倒出多余的油，加入调料汁，焖煮至茭白入味后，起锅食用。

小常识　茭白是我国特有的水生蔬菜，能够补虚健体，茭白上有黑点并不是坏了，而是一种"菰黑穗菌"的真菌类，对于身体代谢有正面的效果，可以延缓骨质的老化。

焖芋头

材料　芋头半斤

调料　盐、酱油

做法

1 芋头洗净，入开水锅内煮至八成熟后，去皮待用。

2 油锅烧热，放入芋头翻炒片刻，再加入开水、盐、酱油焖熟，待汤汁收干后起锅。

小常识

◎ 芋头具有化痰散淤、健胃益脾、调补中气、解毒止痛等功效。

◎ 储藏芋头时，应放置于干燥阴凉通风的地方。芋头不耐低温，所以新鲜芋头一定不能放入冰箱，在气温低于7摄氏度时，应存放于室内较温暖处，防止因冻伤造成腐烂。

香菇烧萝卜

材料　白萝卜2根、大香菇10朵

调料　姜片、八角、酱油、冰糖、盐、香菜

做法

1　白萝卜洗净切大滚刀；香菇泡软洗净；姜洗净切厚片。

2　油锅烧热，爆香香菇，下姜片、八角、酱油、冰糖炒匀，再放入白萝卜，炒香后加开水淹过萝卜，待萝卜烧熟后，放入盐、香菜末，即可食用。

特点 汁多味鲜，回味久长

香菇焖冬瓜

材料　冬瓜1块、香菇1小把

调料　姜、酱油膏、素蚝油、酱油、胡椒粉、盐、生粉水

做法

1　冬瓜去皮洗净切厚块；香菇泡软洗净；姜洗净切丝。

2　锅内入油，爆香姜丝、香菇，加素蚝油炒匀，再放入冬瓜、酱油膏、酱油、开水，焖熟后加盐、胡椒粉调味，淋上生粉水，收汁起锅。

西红柿焖冬瓜

材料　嫩冬瓜1块、西红柿2个

调料　胡椒粉、盐、白糖

做法

1　冬瓜、西红柿去皮洗净，切成厚片。

2　油锅烧热，放入冬瓜炒至五成熟时，加盐、胡椒粉、白糖、开水（淹过冬瓜），焖熟，再放入西红柿，煮2分钟后起锅。

小常识　挑选冬瓜时用指甲掐一下，皮较硬，肉质致密，种子已成熟变成褐色的冬瓜口感好。

咸蛋黄炒南瓜

材料　小南瓜半个、咸鸭蛋3个

调料　芝麻油、香菜

做法

1 南瓜去皮，洗净后切片；咸鸭蛋煮熟后，取蛋黄捏碎；香菜洗净切末。

2 咸蛋黄下油锅中炒香后，放入南瓜片炒匀，加开水，煮熟后淋上芝麻油，撒上香菜末，即可食用。

鱼香南瓜

材料　小南瓜1个

调料　泡辣椒、白糖、生粉、酱油、醋、姜、盐

做法

1　南瓜洗净切块；姜、泡辣椒切末。

2　把酱油、醋、盐、糖、生粉放入碗内，加清水调成鱼香汁。

3　南瓜过油炸软后捞出。锅内留少许油，下姜末、泡辣椒末爆香，放入南瓜块炒熟，再淋上鱼香汁，收汁起锅。

小常识

◎ 南瓜含有维生素和果胶，果胶有很好的吸附性，能粘结和消除体内的细菌毒素以及铅、汞和放射性元素等有害物质。

◎ 完整的南瓜可以放在阴凉处储存，如果是切开的南瓜，保存时需要先去掉瓤，否则容易腐败。用保鲜膜包好，在冰箱冷藏室可保存一周左右。

椒丝腐乳通菜

材料　空心菜1把、青辣椒1条、红辣椒1条

调料　豆腐乳

做法

1 空心菜择好，洗净控干水分；青红辣椒洗净去籽切成丝。

2 锅内入油烧至八成热，下青红辣椒炒香，放入空心菜炒软，然后加入豆腐乳，拌炒均匀后起锅。

小常识　根据个人口味，选用红豆腐乳或者白豆腐乳都可以。

姜丝炒红苋菜

材料　红苋菜1把

调料　姜、盐

做法

1　红苋菜择好，洗净控干水分；姜洗净切丝。

2　锅内入油烧至八成热时，下姜丝爆香，放入苋菜、盐、少许水，炒熟后食用。

小常识　苋菜的叶子比较厚，在翻炒的时候加点水，这样不容易炒糊。

酸豆角炒魔芋

材料　魔芋1块、酸豆角适量
调料　姜、豆瓣酱、酱油、盐、糖、香菜
做法

1 魔芋切条；酸豆角切长段；香菜切小段；姜切丝。

2 锅内入油烧热，爆香姜丝，放入豆瓣酱炒出红油后，倒入酸豆角、魔芋，加酱油、糖、盐，调味后炒熟，起锅前加入香菜段，拌匀即可。

小常识

◎魔芋味道鲜美，口感宜人，具有补钙、平衡盐分、洁胃、整肠、排毒等作用。魔芋有腥味，在烹煮前，先要在水中煮一下，去除多余的盐分和腥味。魔芋不容易入味，所以调味时口味要重一些。

◎魔芋喜欢酸的食物，和酸豆角一起炒，可以更好地发挥魔芋的营养。

豆豉炒海茸

材料　海茸1碗

调料　酱油、盐、姜、糖、老干妈豆豉酱、料酒

做法

1 将海茸用水泡开，姜洗净切末。

2 锅内入油烧至五成热，下姜末爆香，加入海茸翻炒片刻，再放入料酒、糖、酱油、盐、豆豉酱，炒熟后起锅。

小常识

◎ 海茸是深海植物中的一种海藻，营养丰富，口感鲜美，富含多种营养物质，可以补血，降血压。

◎ 海茸中含有丰富的铁质，多食用海茸是女性补血的好选择。

◎ 海茸属碱性食品，且含钙量丰富，经常食用可有效地调节血液的酸碱度。

豆豉焖苦瓜

材料　苦瓜2条

调料　阳江豆豉、姜、盐、冰糖

做法

1　苦瓜洗净切成圆圈，姜洗净切片。

2　油锅烧热，爆香姜片，下苦瓜两面煎黄，再放入豆豉翻炒均匀，加开水淹过苦瓜，焖熟后，加少许冰糖、盐，调味起锅。

芹菜炒粉条

材料　芹菜适量、红薯粉条适量、红辣椒1根

调料　豆瓣酱、酱油、糖、盐、芝麻油

做法

1　粉条入开水锅内煮软后，泡凉水待用；芹菜洗净切段；辣椒洗净去籽切丝。

2　锅内入油烧热，爆香豆瓣酱，下辣椒丝炒出香味，再放入芹菜，加盐、酱油、糖调味，待芹菜炒熟后，放入粉条拌炒均匀，淋上芝麻油，即可起锅。

莴笋炒木耳

材料　莴笋2根、木耳1把

调料　酱油、豆瓣酱、姜、生粉、糖、盐、胡椒粉、花椒油

做法

1 莴笋去皮洗净切成薄片；木耳泡软洗净撕成小朵；姜切末。

2 取适量的生粉、酱油、花椒油、胡椒粉、糖、盐，加水兑成调味汁。

3 锅内入油烧热，下姜末、豆瓣酱爆香，放入莴笋片、木耳、清水，炒熟后倒入调味汁，大火翻炒收汁起锅。

丝瓜炒木耳

材料　丝瓜3条、木耳1小把、红辣椒1根

调料　姜、盐、酱油、白糖、白醋、生粉、香菜

做法

1　丝瓜去皮洗净切滚刀；红辣椒切丝；木耳泡软洗净；
香菜、姜切末。

2　将适量的生粉、酱油、白糖，加清水调成生粉水。

3　姜末入油锅爆香后，下木耳炒匀，再放入丝瓜、酱油、白醋，炒至
断生后加清水、糖、盐、红辣椒丝，焖煮5分钟。

4　待丝瓜熟后倒入生粉水，翻炒均匀后放少许香菜末，即可起锅。

小常识

◎ 丝瓜中维生素B$_1$的含量高，有利于幼儿大脑发育，及中老年人保持
大脑健康。

◎ 烹制丝瓜时应注意尽量保持清淡，少用油，可以加胡椒粉提味，这
样才能保持丝瓜的香嫩爽口。

特点

清爽淡雅，碧绿鲜嫩

特点　素雅小炒，爽口清淡

青瓜炒木耳

材料　青瓜2条、木耳1把

调料　酱油、生粉水、糖、盐、姜

做法

1　青瓜去皮去籽，洗净后切块；木耳泡开洗净，撕成小朵；姜洗净切末。

2　锅内入油烧热，下姜末爆香，放入木耳、青瓜炒匀，再加入酱油、盐、糖、清水，待青瓜炒熟后，淋上生粉水，收汁起锅。

山药炒南瓜

材料　山药1根、南瓜半个

调料　姜、盐、白糖、白醋

做法

1 南瓜去皮切片；山药去皮切片后泡在水里；姜切末。

2 锅内入油烧热，爆香姜末，下南瓜片炒匀，再放入山药片，加适量的白醋、糖、盐调味，炒熟后起锅。

小常识　秋天时节，山药和南瓜都大量上市，混炒食之，对脾胃有很好的补益。

炖山药

材料　糯米1小碗、山药4根

调料　草果、砂仁、芝麻油、盐

做法

1. 山药去皮洗净，切成大小适中的滚刀块，浸泡在水里；草果用刀背拍裂。
2. 锅内加入芝麻油烧热，放入草果、砂仁炸香，放入糯米，用小火炒成浅黄色。
3. 加入开水，倒入山药，炖煮1个半小时，食用前加盐调味即可。

小常识

◎ 山药质地细腻，味道香甜，切片后需立即浸泡在盐水中，以防止氧化发黑。新鲜山药切开时会有黏液，极易滑刀伤手，可以先用清水加少许醋清洗，这样可减少黏液。

◎ 山药皮容易导致皮肤过敏，所以最好用削皮的方式，并且削完山药的手不要乱碰，马上用清水冲洗。或者将食用油涂于手上缓解过敏。

◎ 山药一般在霜降前后收获，正好供入冬后至春节时食用。可作主食，可作蔬菜，亦可作甜点。

◎ 山药含有淀粉、多酚氧化酶等物质，有利于脾胃消化吸收功能，是一味平补脾胃的药食两用之品。糯米山药同熬，可温补脾胃，补虚补血，改善腰膝酸软的病症。

炖白菜

材料　大白菜半棵、油豆腐少许、海带少许、高汤（香菇水）1碗

调料　酱油、盐、糖

做法

1. 大白菜洗净切块；油豆腐切两半；海带泡软洗净切长条。
2. 油锅烧热，倒入高汤，加调料、海带煮开，再放入白菜梗、油豆腐，炖煮至白菜熟软后，出锅食用。

大白菜炖土豆

材料　大白菜半棵、大土豆2个

调料　姜、八角、酱油、糖、盐

做法

1 大白菜洗净切方块，土豆去皮洗净切滚刀；姜切片。

2 锅内入油烧热，放入姜片、八角爆香，下大白菜、土豆、酱油、盐炒匀，再加开水淹过土豆，炖煮20分钟，待土豆熟软后出锅。

白菜炒木耳

材料　大白菜1棵、木耳1把、红辣椒2根

调料　醋、酱油、花椒粒、胡椒粉、豆瓣酱、姜、生粉、糖、盐

做法

1　大白菜洗净切丝；木耳泡软切成小朵；辣椒切块；姜切末。

2　取适量的生粉、糖、酱油、醋放入小碗内，兑成调料汁。

3　锅内入油烧热，爆香姜、豆瓣酱，放入花椒、木耳、大白菜、红辣椒，加盐、胡椒粉，调味后炒熟，淋上调料汁，收汁起锅。

小常识

◎ 白菜的营养价值高，种类多，一年四季都能吃到，有退烧解热、止咳化痰的功效。

◎ 冬天是吃白菜的好季节，白菜丰富的纤维和维生素C，可以补足冬天蔬果摄取的不足。吃火锅时，别忘了尽可能多加点白菜，消解燥热之气。

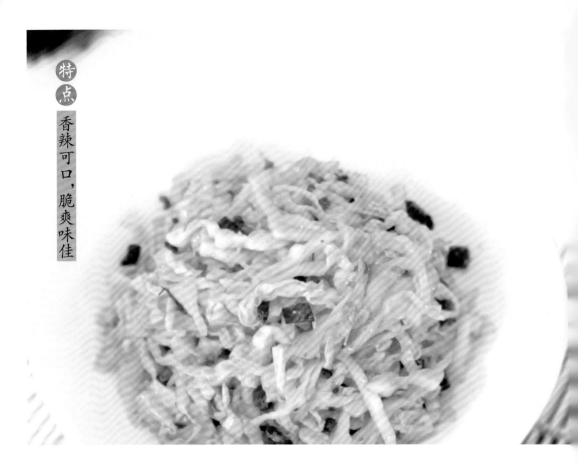

手撕包菜

材料　包菜1棵

调料　酱油、糖、盐、花椒、干辣椒、香菜、豆瓣酱

做法

1 包菜洗净切丝；香菜洗净切末；干辣椒切段。

2 豆瓣酱放入油锅中煸炒出红油，再放入花椒、干辣椒爆香，倒入包菜，加盐、糖、酱油，转大火翻炒，熟后撒上香菜末，拌匀出锅。

小常识　包菜所含的粗纤维量多，能够补骨髓、壮筋骨，还能益心力、除结气、清热止痛。

干煸花菜

材料　花菜1棵、鹌鹑蛋适量

调料　酱油、花椒、干辣椒、盐、红油、糖、香菜段、姜片

做法

1　花菜洗净掰成小朵；鹌鹑蛋煮熟后去壳。

2　锅内入油烧热，下花椒、干辣椒、姜片爆香，倒入花菜，加开水、盐、酱油，焖煮2分钟后，放入酱油、红油、鹌鹑蛋、香菜段，拌匀后起锅。

小常识　将花菜掰成小朵，放进盐水中浸泡10分钟左右，有助于去除残留的农药。

西红柿炒花菜

材料　西红柿2个、花菜1棵

调料　姜、酱油、糖、盐、香菜

做法

1　花菜掰成小朵，洗净后控干水分；西红柿切小块；香菜切段；姜切片。

2　锅内入油烧热，爆香姜片，下花菜翻炒片刻，再加入盐、糖、开水、西红柿，焖煮3分钟，待花菜熟后撒上香菜段，拌匀出锅。

虎皮尖椒

材料　青辣椒适量

调料　酱油、醋、糖、老干妈豆豉酱、盐

做法

1 辣椒洗净去蒂，控干水分后，入油锅中炸熟待用。

2 取适量的调料兑成调味汁，淋在炸好的辣椒上，拌匀食用。

小常识　烹制这道菜，最好选用刚上市的新鲜嫩辣椒，口感更为鲜嫩。

鱼香莲藕

材料　莲藕1节

调料　泡辣椒、姜、醋、酱油、糖、盐、生粉、香菜

做法

1　莲藕去皮洗净切成薄片；泡辣椒切碎，香菜切小段，姜切末。

2　取适量的酱油、醋、糖、盐、生粉，加少许水调成鱼香汁。

3　锅内入油烧热，爆香泡辣椒，下姜末炒香，再倒入莲藕，加少许水，炒熟后淋上鱼香汁，撒上香菜末，拌匀起锅。

小常识　鱼香，是四川菜肴主要传统味型之一，成菜具有鱼香味，但其味并不是来自"鱼"，而是泡红辣椒、姜、蒜、糖、盐、酱油等调味品调制而成。此法源出于四川民间独具特色的烹鱼调味方法，而今已广泛用于川味的熟菜中，具有咸、酸、甜、辣、香、鲜和浓郁的姜、蒜味的特色。

香脆芝麻藕条

材料　莲藕适量、鸡蛋2个

调料　五香粉、盐、芝麻、干辣椒、花椒粉、姜

做法

1　鸡蛋去壳打散；干辣椒切段；姜洗净切末。

2　莲藕去皮洗净切成小条，加入五香粉、花椒粉、盐、姜末拌匀，然后倒入鸡蛋液中，均匀地裹上蛋液。

3　把藕条捞出放入芝麻碗中，蘸满芝麻后入油锅炸成金黄色，盛出待用。

4　锅内留少许油，下干辣椒段爆香，放入炸好的藕条炒匀出锅。

小常识

◎ 莲藕中含有黏液蛋白和膳食纤维，生吃新鲜莲藕能够清热除烦、解渴止呕。

◎ 莲藕散发出一种独特清香，还含有鞣质，有一定健脾止泻作用，能增进食欲，有益于胃纳不佳、食欲不振者恢复健康。

糖醋莲藕

材料　莲藕2节、泡辣椒2根

调料　醋、糖、姜、生抽、生粉、盐

做法

1　莲藕去皮洗净切成半圆形的薄片；泡辣椒切碎；姜洗净切末。

2　取适量的糖、生抽、醋、盐、生粉，加水调成糖醋汁。

3　锅内入油烧热，爆香姜末，下泡辣椒炒香，再放入藕片，加少许水，炒熟后倒入糖醋汁，收汁起锅。

小常识

◎ 炒莲藕不能用铁锅，铁锅炒莲藕，藕会变黑。最好使用不粘锅或不锈钢锅。

◎ 莲藕比较容易氧化变黑，切好的藕片一定要放入清水中浸泡，这样可以隔绝空气，防止氧化变黑。而且也可以在浸泡过程中去除部分淀粉，炒好后口感比较脆。

杜鹃花炒蛋

材料　干杜鹃花1把、鸡蛋4个

调料　胡椒粉、盐

做法

1 杜鹃花洗净，挤干水分切碎后，放入碗中，加胡椒粉、盐、鸡蛋拌匀。

2 锅内入油烧至六成热，倒入拌好的杜鹃花鸡蛋汁，煎熟即可。

小常识　杜鹃花全株可供药用，它的花瓣可生食，常食有健脾效果。鲜杜鹃花鸡蛋一起搅匀炒熟食用，有健胃、益气、养颜的功用。

特
点

明黄悦目，软嫩滑爽

木槿花炒蛋

材料　木槿花适量、鸡蛋4个

调料　胡椒粉、盐、草果粉

做法

1　木槿花洗净，掐去花芯和花蒂，掰成小瓣后放入碗中，加胡椒粉、盐、草果粉、鸡蛋拌匀。

2　锅内入油烧热，把木槿花鸡蛋汁倒入锅内，炒熟后出锅。

小常识　木槿花是一种食用花卉，味甘性凉，营养价值极高，食之可清热利湿、排毒养颜。

丝瓜炒鸡蛋

材料　丝瓜2条、鸡蛋4个

调料　胡椒粉、酱油、糖、盐、姜、白醋

做法

1　丝瓜去皮洗净切成细条；姜洗净切末。

2　鸡蛋打入碗中，加少许胡椒粉、盐搅拌均匀。

3　将鸡蛋液分几次倒入油锅中，煎成薄薄的蛋饼，再将蛋饼切成长条待用。

4　油锅烧热，爆香姜末，下丝瓜炒匀，加白醋、酱油、糖、盐调味，炒熟后倒入蛋皮，拌匀起锅。

小常识

◎ 丝瓜不宜生吃，烹制丝瓜时应注意尽量保持清淡，油要少用，不宜加太多酱油和豆瓣酱等口味较重的酱料，以免抢味。

◎ 炒丝瓜时，加一点白醋，可以去除丝瓜的黑色素，让丝瓜不会变黑。而白醋在翻炒的过程中已经挥发掉，食用时吃不出醋的味道。

四季豆炒鸡蛋

材料　四季豆1把、鸡蛋4个

调料　胡椒粉、芝麻油、盐、姜

做法

1　四季豆去筋洗净切成薄片；姜洗净切末。

2　鸡蛋打入碗内，加盐、胡椒粉拌匀后，倒入四季豆中，再加入盐、姜末、芝麻油拌匀。

3　锅内入油烧热，倒入拌好的四季豆鸡蛋汁，炒熟后食用。

小常识

◎ 鸡蛋的食用，可以选购母鸡独立生产的鸡蛋（即未受精蛋），这类鸡蛋没有生命，不能孵出小鸡，可以食用。

◎ 选购鸡蛋时，可用手轻轻摇动：无声的是鲜蛋，有水声的是陈蛋。

◎ 四季豆一定要切成很薄的片，越薄越好，切得薄才容易熟，因为鸡蛋熟得快，不至于糊掉。

炸木槿花

材料　鸡蛋3个、木槿花适量、面粉适量

调料　胡椒粉、盐、番茄酱、椒盐粉

做法

1　木槿花洗净，掐去绿色的花芯，掰成小朵。

2　把鸡蛋打入面粉盆内，加入胡椒粉、清水调成面糊，然后放入木槿花挂糊。

3　锅内入油烧热，取适量的木槿花面糊，放入油锅中，炸至金黄色后，沥油装盘，配上番茄酱或椒盐粉，即可食用。

小常识

◎ 油炸食品酥脆可口，香气扑鼻，能增进食欲，所以深受许多成人和儿童的喜爱。但油炸食品不易消化，比较油腻，过量食用容易引起胃病。烹制油炸食物不宜用大火，中小火即可，以免食物因油温过高而糊掉。

◎ 木槿花蕾，吃起来口感清脆。完全绽放的木槿花，口感则十分滑爽。将木槿花置于室内阴凉干燥处，且要避免儿童自行拿取。

炸茴香南瓜花辣椒叶

材料　面粉适量、茴香适量、南瓜花适量、辣椒叶适量、鸡蛋1个

调料　胡椒粉、盐

做法

1 把南瓜花、辣椒叶、茴香洗净,控干水分后,南瓜花切两半;茴香切段。

2 取适量的面粉,加入鸡蛋、盐、胡椒粉,慢慢加水搅拌,调成面糊。

3 南瓜花、辣椒叶分别挂糊,入油锅中炸成金黄色后,捞出沥油。

4 再把茴香倒入面糊中拌匀,取适量茴香糊放入油锅内炸至定型微黄后捞出,待油温回升后复炸片刻,捞出沥油。

5 将炸好的南瓜花、辣椒叶、茴香装盘,配上番茄酱或椒盐粉,即可食用。

炸南瓜花

炸辣椒叶

炸茴香

宫廷炒年糕

材料　年糕片1包、胡萝卜1根、绿豆芽1小把、四季豆5条、青辣椒1根、
红辣椒1根、香菇3朵、木耳5朵

调料　香菜、姜片、芝麻油、蜂蜜、酱油、胡椒粉、盐、糖

做法

1　胡萝卜洗净去皮切条；四季豆洗净掰成段；木耳、香菇泡软切
丝；青、红辣椒去籽切丝；香菜切段；姜切片。

2　把年糕片、胡萝卜、四季豆、绿豆芽分别放入开水锅中烫至断生，
捞出过凉水后沥干。年糕片加入芝麻油、蜂蜜拌匀。

3　姜片、香菇、木耳下油锅爆香，放入胡萝卜、四季豆翻炒均匀后
加水焖煮2分钟，再放入酱油、胡椒粉、糖、盐调味。

4　待四季豆、胡萝卜熟后，放入青红辣椒丝、绿豆芽、年糕片翻炒，
出锅前加入少许香菜，拌匀即可。

小常识

◎ 据说最早年糕是为年夜祭神、岁朝供祖先所用，后来才成为春节食
品。年糕又称为"年年糕"，与"年年高"谐音，寓意着人们的工作
和生活一年比一年提高。

◎ 这道菜中所用的水磨年糕呈白色，由粳米跟糯米按一定比例混合
制成，口味为米香原味。水磨年糕的做法非常丰富，可以蒸、炸、切
片炒或煮汤。

◎ 选购年糕时，如果十分白润，色泽光鲜，酸涩的水磨气味比较重，或
者表面有绿豆般大小的红点，都有可能是硫黄熏制的。

◎ 年糕的热量较高，是米饭的数倍，虽然美味香甜，食用不宜过量。
少吃不腻，既补充营养，又对身体好。

特点
酥脆香甜，健脾开胃

青椒炒玉米饼

材料　玉米饼2个、辣椒2根

调料　盐

做法

1　玉米饼切成厚片；辣椒洗净去籽切成丝。

2　锅内入油烧热，下辣椒丝炒软，放入玉米饼、盐，炒香入味后
　　起锅。

小常识　炒玉米饼的蔬菜可根据喜好搭配。玉米饼的做法请参考"蒸玉
　　米饼"（第251页）。

青椒炒西红柿

材料　西红柿2个、青辣椒1根

调料　酱油、盐、胡椒粉

做法

1　西红柿洗净去皮切丁；辣椒洗净去籽切丁。

2　锅内入油烧熟，下青辣椒炒香，倒入西红柿，加盐、胡椒粉、酱油，调味炒熟，即可食用。

小常识　优质西红柿的蒂部很圆润，如果还带着淡淡的青色，就是最沙最甜的西红柿。

咖喱煲

材料　竹笋1块、油豆腐5个、金针菇少许、上海青2棵、包菜少许、
红萝卜1小段

调料　素蚝油、盐、酱油、咖喱块、酱油膏

做法

1 把所有蔬菜洗净,竹笋、红萝卜切片;油豆腐切块;金针菇撕碎,
待用。

2 包菜铺在煲仔锅底,依次将竹笋片、金针菇、上海青、油豆腐、红
萝卜片放入煲仔锅内。

3 锅内加开水,放入咖喱块、酱油、酱油膏,煮成咖喱汁后倒入煲
仔锅内,开大火将煲仔锅内的蔬菜煮熟,即可食用。

小常识

◎ 咖喱的主要成分是姜黄粉、川花椒、八角、胡椒、桂皮、丁香和芫荽
籽等含有辣味的香料,其味辛辣带甜,具有一种特别的香气,是中
西餐常用的调料。

◎ 咖喱能促进血液循环,达到发汗的目的,还可以改善便秘,有益于
肠道健康。

◎ 咖喱粉应密封、避光保存,以免香气挥发散失。

◎ 一顿吃不了先存放在冰箱,第二顿加热时要注意,凝固的咖喱汁慢
慢用小火化开,并不停搅拌。

特点

鲜香可口，味厚悠长

杂锅菜

材料　白萝卜1段、年糕少许、油豆腐5个、鸡蛋2个、粉丝适量、
　　　四季豆适量、海带适量

调料　酱油、盐、糖、甜面酱、芝麻油、香菇水

做法

1　鸡蛋煮熟去壳；白萝卜去皮洗净切块；四季豆去筋洗净掰成小
　　段；粉丝、海带泡软；海带切长片。

2　油豆腐开口，将中间掏空，把年糕片塞入油豆腐内，用牙签串好，
　　折掉多余的牙签。

3　锅内加水烧开，放入海带，加香菇水、熟油、白糖、盐、酱油、甜面
　　酱调味后，下白萝卜焖煮5分钟。

4　放入四季豆煮15分钟，再加入油豆腐、粉丝煮熟，起锅前放入熟
　　鸡蛋、芝麻油，即可食用。

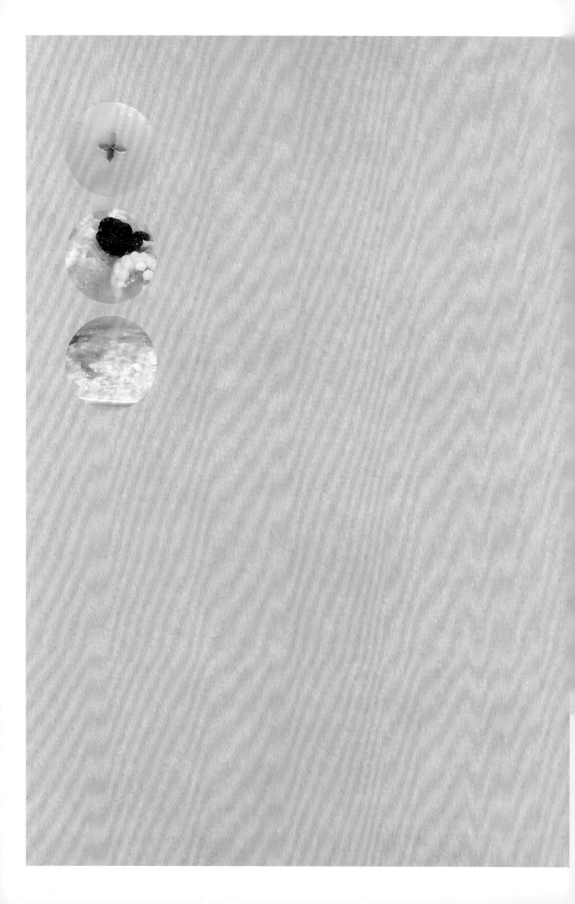

汤羹

几经熬炼

浓淡相安

煲罗宋汤

材料 西红柿1个、红萝卜1根、黄萝卜1根、土豆2个、豌豆1碗、
青辣椒1根、红辣椒1根、黄辣椒1根、包菜半棵、苹果1个

调料 姜、盐、番茄酱

做法

1 将所有的材料洗净,土豆、红黄萝卜去皮,苹果、青红黄辣椒去
  籽,全都切成滚刀块待用。

2 锅内放油烧至八成熟,放入姜片爆香,下番茄酱炒香。

3 加入开水,放入所有材料,用大火煮开后,转中火炖煮1个半小
  时,出锅前加少许盐调味即可。

小常识 罗宋汤是在俄罗斯和波兰等东欧国家处处可见的一种羹汤。在
过去的俄罗斯,这是普通人糊口的主要食物之一,所以怎么做主
要取决于家有什么食材。通常将所有的食材都一起放进锅中煮。

薏米煲冬瓜汤

材料　冬瓜2斤、薏米1两

调料　陈皮、盐、姜

做法

1　冬瓜洗净切成厚块，薏米泡水，姜洗净拍扁。

2　锅内加1小勺油烧热，加入开水、姜块、陈皮、薏米、冬瓜，炖煮1个半小时，然后加盐调味，再煮2分钟后食用。

小常识　冬瓜是一种解热利尿、去湿热比较理想的日常食物，连皮一起煮汤，效果更明显。

芝麻味噌汤

材料　海带丝1碟、黄瓜片1碟

调料　味噌酱、盐、熟芝麻碎

做法

1. 取3勺熟芝麻碎、1勺味噌酱放入碗里，加水调成味噌汁。

2. 锅内加水烧开，放入海带丝煮2分钟，加入盐、黄瓜片，倒入味噌汁，煮开后撒上熟芝麻碎，即可食用。

小常识　味噌汤的特征是不可重复煮沸，因为味噌再次温热会丧失香气，所以最好是煮好后尽量食用完毕。

土豆味噌汤

材料　土豆2个、西芹1棵、高汤1大碗

调料　素蚝油、味噌酱

做法

1　土豆去皮，洗净切片；西芹洗净切碎。

2　高汤倒入锅内煮开，加入味噌酱拌匀，放入土豆、素蚝油煮2分钟后，撒上西芹末，即可食用。

小常识　味噌不耐久煮，煮汤时通常最后才加味噌，略煮一下便熄火，以免味噌的香气流失。

南瓜羹

材料 小南瓜半个、牛奶少许

调料 糖、盐、胡椒粉、生粉

做法

1 南瓜去皮洗净，蒸15分钟后倒入搅拌机，加水打成南瓜糊。

2 南瓜糊倒入锅内，加胡椒粉、糖、盐煮开，再倒入牛奶，略煮片刻后加入生粉水，拌匀后食用。

小常识 色彩鲜艳、香甜芬芳的南瓜羹，给家里的小朋友带来意外的惊喜。

玉米羹

材料　新鲜玉米粒适量、鸡蛋2个

调料　生粉、胡椒粉、盐、芝麻油

做法

1　鸡蛋打入碗内，加少许盐、胡椒粉拌匀。取适量生粉，加水调成生粉水。

2　油锅内加水，烧开后放入玉米粒煮2分钟，再倒入鸡蛋液拌匀。

3　待汤汁煮开后，放入盐、生粉水，收汁后加少许芝麻油、胡椒粉，拌匀后食用。

小常识

◎ 玉米富含维生素C，有长寿、美容作用，还能开胃、利胆、通便、利尿、软化血管。玉米胚尖所含的营养物质，有增强人体新陈代谢、调整神经系统功能。

◎ 将嫩玉米粒蒸熟烂或压烂再烹制，更加入味，也更适合家里的老人食用。玉米渣及玉米梗芯有良好的通便效果，可缓解老年人习惯性便秘。

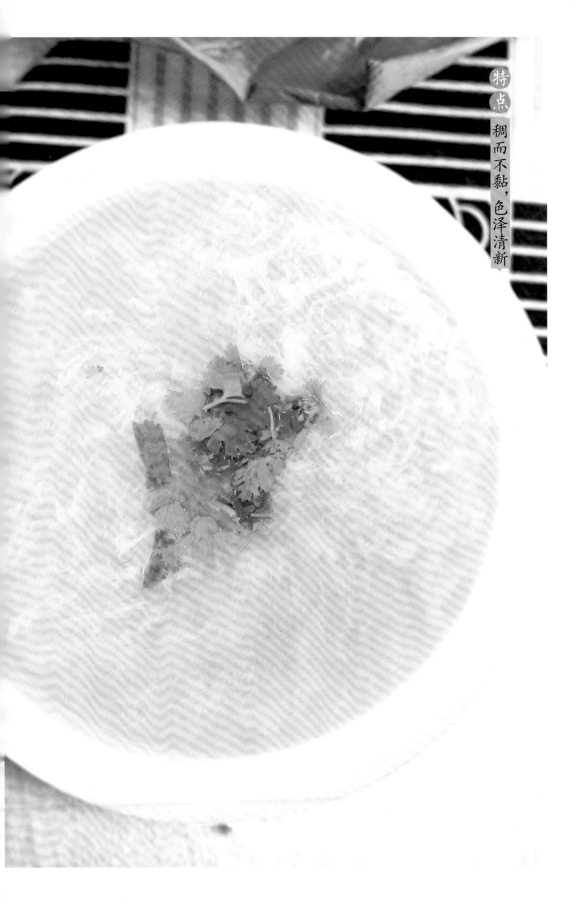

青红黄萝卜玉米汤

材料　青萝卜1根、红萝卜1根、黄萝卜1根、玉米1根、姜1块、
　　　红枣4颗、银耳少许

调料　盐

做法

1　玉米洗净切段；青、红、黄萝卜洗净切滚刀；银耳泡软洗净撕成
　　小朵；姜拍扁。

2　锅里加入开水，放入姜、玉米、红枣、青红黄萝卜、银耳，炖煮1
　　个半小时，再加入盐、熟油调味，煮5分钟后食用。

荷包蛋紫菜汤

材料　紫菜适量、鸡蛋2个

调料　香菜、姜、盐、芝麻油、胡椒粉

做法

1　紫菜洗净沥水；鸡蛋分别打在2只小碗里待用；香菜、姜洗净切末。

2　锅内加入开水、姜末，待水烧至70度左右，滑入鸡蛋，加糖、盐、胡椒粉调味，煮1分钟后撇去浮沫，放入紫菜、芝麻油、香菜末，煮开后食用。

小常识　把鸡蛋先打在碗里，再小心地放入锅内，小火煮透，用锅铲背面轻轻推动鸡蛋，以防粘锅，这样就可以煮出完整的荷包蛋了。

素肉煲萝卜芋头汤

材料　素肉1包、荔浦芋头1个、白萝卜1根、红萝卜1根

调料　姜、盐、香菜

做法

1　红、白萝卜去皮洗净切滚刀；芋头去皮洗净切大块；香菜切末；姜切片。

2　锅内加入开水，放入姜片、素肉煮开，再加入红、白萝卜，炖煮1小时。

3　放入芋头、盐煮15分钟，芋头熟后，加上香菜末，即可食用。

小常识　由于芋头的黏液中含有皂碱，会刺激皮肤发痒，最好戴上手套。削了皮的芋头碰到水再接触皮肤，就会更痒。因此，芋头不用先洗净就直接去皮，并保持手部干燥，可以减少发痒的症状。如果不小心接触皮肤发痒时，涂抹生姜，或在火上烘烤片刻，或用醋水浸泡都可以止痒。

丝瓜豆皮汤

材料 豆皮适量、丝瓜2条、红萝卜少许

调料 香菜、胡椒粉、盐、姜、糖、白醋

做法

1 丝瓜洗净切片，泡入白醋水里待用；豆皮切条；红萝卜切丝；香菜切末，姜切片。

2 锅内加入开水，下姜片、红萝卜煮开，再放入粉皮、丝瓜、熟油、胡椒粉、盐、糖，煮熟。食用时撒上香菜末即可。

红萝卜炖莲藕汤

材料　莲藕2节、红萝卜1根、花生米1碗

调料　姜、盐、草果

做法

1　莲藕、红萝卜去皮洗净切成滚刀；姜拍扁。

2　把红萝卜、莲藕、花生米、姜、草果、盐放入高压锅内。

3　锅内加油烧至九成热，倒入高压锅，加入开水淹过莲藕，炖煮15分钟，即可食用。

绿豆莲藕汤

材料　莲藕2节、胡萝卜2根、绿豆2两、花生1两、红枣4颗、蜜枣4颗

调料　姜、陈皮、盐

做法

1　莲藕、胡萝卜去皮洗净切成滚刀；姜洗净拍扁。

2　锅内加水，放入材料、调料，大火烧开5分钟后，转小火煲2小时，再加盐调味，煮1分钟后食用。

小常识　莲藕孔内的泥土不容易清洗干净，因此切开后应用清水再洗一次。

西红柿鸡蛋汤

材料　西红柿1个、鸡蛋2个

调料　胡椒粉、盐、姜、香菜、糖

做法

1　鸡蛋打入碗中，加少许胡椒粉、盐搅拌成蛋液；西红柿洗净切片；香菜、姜洗净切末。

2　锅内入油烧热，倒入鸡蛋液炒熟，加入开水、姜末、西红柿、盐、胡椒粉、糖，煮开后起锅，食用时撒上香菜末即可。

小常识　西红柿和鸡蛋的营养价值完美搭配在一起，易于人体吸收。

奶油西红柿浓汤

材料　西红柿5个、牛奶1碗、面粉适量

调料　香叶、盐、胡椒粉、葱、糖

做法

1　西红柿洗净后，去皮切块；葱洗净切碎。

2　锅内入油烧热，下葱花爆香，加入面粉，用小火炒黄，再倒入牛奶，煮开后关火待用。

3　空锅内加水，放入胡椒粉、盐、糖、香叶、西红柿，烧开后煮5分钟，再加入奶汤、盐，略煮片刻，即可起锅。

特点

汁浓醇厚，柔软甘香

白菜芋头汤

材料　白菜适量、小芋头1斤

调料　酱油、芝麻油、胡椒粉、姜、盐

做法

1 芋头洗净煮熟后剥皮；白菜洗净切块；姜切片。

2 锅内加入开水、姜片、熟油，大火烧开后，放入白菜、芋头，加盐、胡椒粉、酱油调味，煮熟后淋上芝麻油，拌匀食用。

小常识　芋头烹调时一定要烹至熟透，否则其中的黏液会刺激咽喉。

白菜味噌汤

材料　油豆腐、大白菜、芹菜各适量

调料　高汤、味噌酱、素蚝油

做法

1　油豆腐切成两半；大白菜洗净切成块，芹菜洗净切碎。

2　锅内加入高汤、味噌酱、素蚝油煮开，然后放入白菜梗煮至七分熟，再下白菜叶子、油豆腐略煮片刻，即可食用。

小常识　味噌可以抑制或降低血液中的胆固醇，抑制体内脂肪的积聚，可以改善便秘。

炸茴香冬菜汤

材料 炸茴香、炸南瓜花、冬菜各适量

调料 香菜、盐、糖、姜、酱油、芝麻油

做法

1 冬菜洗净切成小段；炸茴香、炸南瓜花切块；香菜洗净切碎；姜切片。

2 把冬菜、姜片放入开水锅内煮5分钟，再加入盐、糖、酱油、茴香、南瓜花，煮至入味后，淋上芝麻油，食用前撒上香菜末，拌匀即可。

小常识 家里的油炸食物吃不完时，换一种方法做成汤羹，既实用又美味。

酸辣汤

材料　酸菜、嫩豆腐条、金针菇、油豆腐、红萝卜丝、木耳丝、
　　　竹笋丝各适量

调料　酱油、陈醋、芝麻油、盐、胡椒粉、生粉、米醋、香菜

做法

1　锅内入油烧至七成热,爆香红萝卜丝,下竹笋丝炒香。

2　加入木耳丝、酸菜、油豆腐、金针菇炒匀,加入开水、胡椒粉,烧
　　开后放入嫩豆腐条煮熟。

3　取适量的米醋、酱油、陈醋、盐、芝麻油、生粉,加水兑成酸辣汁。

4　将酸辣汁倒入锅内搅匀,收汁后起锅,食用前加入香菜末即可。

清汤火锅

材料　豆腐1块、平菇适量、西红柿半个、粉丝1把、土豆1个、
　　　胡萝卜1段、干香菇1把、党参5钱、红枣5个

调料　芝麻粉、盐、香菜

做法

1　姜、豆腐、西红柿、胡萝卜、土豆切片；香菇、粉丝泡软。

2　锅内放油烧至五成热，下姜片爆香，加入开水、胡萝卜、党参、红枣、芝麻粉、西红柿、香菇、盐，大火煮开后，转中小火熬20分钟。

3　放入平菇、土豆、豆腐、粉丝等煮熟。

4　取适量的调料，兑成火锅蘸酱，即可食用。

特点 味道香醇，营养全面

麻辣火锅

调料 郫县豆瓣酱2大勺、花椒适量、盐适量、干辣椒适量、醪糟2勺、生姜1大块、草果2颗、白芝麻适量、香菜少许

做法

1 姜拍扁，草果拍裂口，香菜洗净切碎。

2 锅内下油，放入姜块，用大火煎出香味后，加入豆瓣酱，转小火慢慢炒出红油。

3 再放入花椒、干辣椒煸炒出麻辣味，加入醪糟、草果，待麻辣味更浓郁时，加开水，大火煮开后，转中火煮30分钟。

4 加入白芝麻，熬煮片刻，食用时配上火锅蘸酱即可。

小常识 可以根据自己的口味加入辣椒等调料，等吃完火锅，把锅内的剩菜渣捞出来，汤料放入冰箱，下一餐可以继续煮菜食用，既简单经济，又美味食用。

杂菜汤

材料 南瓜1个、南瓜花适量、木耳1小把、土豆1个、红萝卜1段、
      大白菜适量、豆腐1小块

调料 姜片、草果粉、盐、胡椒粉、香菜

做法

1 南瓜、土豆、红萝卜、大白菜去皮洗净切成块;豆腐切厚片;南瓜
  花切两半;木耳泡软撕成小朵。

2 锅内加油,爆香姜片、红萝卜,下南瓜、土豆、草果粉、胡椒粉、盐
  炒匀,再加入开水、大白菜、木耳、豆腐、南瓜花,炖熟后加入少
  许盐、香菜末,拌匀食用。

小吃

从繁生简

以诚尽心

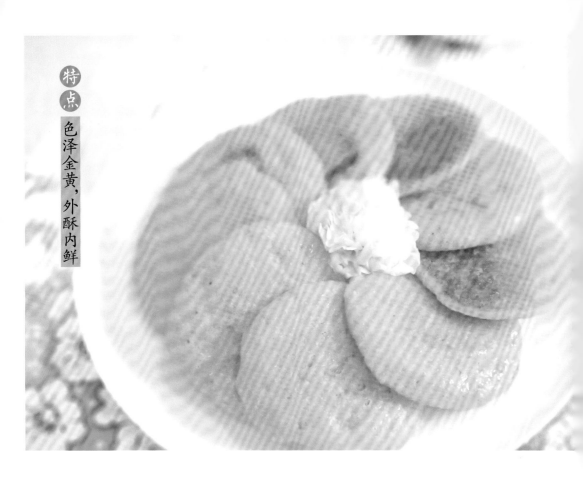

煎玉米饼

材料　新鲜玉米粒适量

调料　糖

做法

1　新鲜玉米粒加少许水，放入搅拌机里打成浆，加糖拌匀。

2　平底煎锅内刷油加热，把玉米浆摊成小饼，煎4分钟，翻面后再煎3分钟，即可食用。

蒸玉米饼

材料 新鲜玉米粒、玉米叶子各适量

做法

1 新鲜玉米粒加少许水，放入搅拌机里打成浆。

2 玉米叶子洗净，剪成方块，将玉米浆摊在上面。

3 蒸锅加水烧开，把玉米饼放入蒸锅内，大火蒸15分钟，即可食用。

煎油饼

材料　面粉适量

调料　辣椒油、花椒粉、香菜、盐、芝麻油

做法

1 面粉加水和成面团，饧30分钟，再用擀面杖擀成一张薄饼。

2 在薄饼上抹一层芝麻油，撒少许盐，再抹一层辣椒油，撒上花椒粉、香菜末，然后将整张面饼卷成长条。

3 将卷好的面饼，封住两头，切成大小均等的小面团，再压成圆饼。

4 平底煎锅内抹油烧热，放入生饼胚，略微煎黄后，撒少许水盖上锅盖。

5 待水分蒸发后翻面，煎至两面金黄时，出锅食用。

小常识

◎ 在煎油饼的过程中不要频繁来回翻面，避免油饼的口感变硬。

◎ 此类早餐，热量高、油脂高，不宜常吃，建议搭配豆浆一起食用。

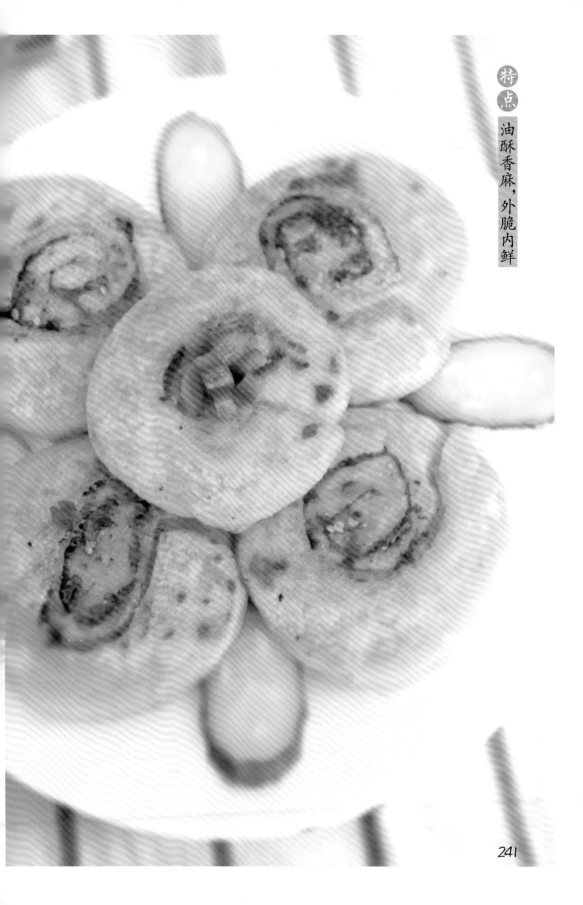

法式煎面包

材料　法式面包1根、薄荷叶少许、柠檬1个、青辣椒1根、红辣椒1根、青瓜1小段

调料　香菜、胡椒粉、植物黄油、橄榄油、盐

做法

1　法式面包切片；青红辣椒去籽，切粒后泡水。

2　香菜洗净切碎；薄荷叶洗净泡水；青瓜切片；柠檬对半切开，取柠檬汁待用。

3　平底煎锅内加入植物黄油熔化，放入面包片，两面煎成金黄色后，摆入盘中。

4　青红辣椒粒沥水，盛入碗中，加香菜末、柠檬汁、胡椒粉、橄榄油、盐，拌匀。

5　将辣椒粒盛到面包片上，配上薄荷叶、青瓜片，即可食用。

小常识　法式面包因外形像一条长长的棍子，所以俗称"法式棍"，是法国特产的硬式面包，在世界上独一无二。与大多数的软面包不同，它的外皮和面都很硬。吃的时候，从中间纵向将面包剖开，铺上色拉、黄瓜、番茄酱等食物，或者放入锅中用植物黄油煎一煎，味道更好。

焦黄酥脆，别有风味

豆腐花

材料 豆腐花1碗、榨菜适量、香酥青豆适量、香酥鹰嘴豆适量

调料 鸡枞油、辣椒油、酱油、芝麻油、盐、花生碎、花椒油、香菜

做法

1 香菜、榨菜洗净切碎。

2 把豆腐花盛在碗里，加入适量的调料，即可食用。

小常识 豆腐花食用时分为甜咸两类，甜的加入砂糖或红糖，咸的加入辣椒油、酱油和醋。

四川油茶

材料　大米6两、馓子适量、大头菜适量、熟黄豆适量、香酥青豆适量、香酥鹰嘴豆适量、花生碎适量

调料　鸡枞油、油辣椒、芝麻油、酱油、盐、花椒油、香菜

做法

1　把大米浸泡2小时，放入豆浆机内加3倍水打碎，煮成米糊。

2　香菜、大头菜洗净切丝；馓子掰成段。把煮好的米糊盛入碗中，放入适量的调料和材料，即可食用。

煮猫耳朵

材料　面粉适量、四季豆1小把、西红柿半个、香菇5朵

调料　芝麻油、酱油、盐、糖、姜末

做法

1 香菇泡软切碎；四季豆洗净切薄片；西红柿去皮切丁；姜切末。

2 面粉用凉水和好，饧30分钟后揉成细长条，右手揪下拇指大小的一块面，放在面案上，用大拇指往前一推，搓成猫耳朵。

3 炒锅入油烧熟，爆香姜末，下香菇、四季豆、西红柿炒香，再加入开水，焖煮5分钟。

4 放入猫耳朵，加盐、酱油调味。待猫耳朵浮出水面，淋上芝麻油，拌匀出锅。

包抄手

材料　抄手皮适量、豆腐1块、上海青1把、香菇10朵、鸡蛋1个

调料　姜、芝麻油、酱油、素蚝油、芝麻碎、花生碎、盐、生粉、香菜、

　　　辣椒油、醋

做法

1　香菇、香菜、姜切末；上海青过水后切碎。豆腐捏碎，加鸡蛋、盐、
　　生粉拌匀。

2　锅内入油烧熟，放入香菇末炒香，加酱油、素蚝油、盐调味。

3　把香菇末、芝麻油、花生碎、芝麻碎、上海青、香菜末放入豆腐盆
　　内拌匀。

4　取适量的豆腐馅，放入抄手皮中，对折成长方形，捏成抄手。

5　把姜末、辣椒油、芝麻碎、芝麻油、酱油、醋、盐、香菜末放入大碗
　　内，调成蘸水汁待用。

6　抄手放入开水锅内，煮至浮出水面后，盛少许面汤，冲入蘸水汁
　　中；捞出抄手放入蘸水碗内，即可食用。

小常识

◎ 四川方言所称的抄手，即北方的馄饨，广东的云吞，是中国汉族的
　　传统面食，用薄面皮包馅，通常煮熟后带汤食用。

◎ 煮抄手的方法与煮面条的方法相同，中间加三次冷水，这样煮出的
　　抄手不容易破开。

◎ 不喜欢吃辣椒的朋友，也可以在调料中减去辣椒油，其他调料可根
　　据自己的喜好增减。

茴香饺子

材料　面粉、茴香、鸡蛋各适量

调料　芝麻油、盐、花生碎、姜、辣椒油、陈醋、酱油、香菜

做法

1 面粉加水和成面团，饧30分钟；茴香洗净切碎，放入盆内待用。

2 将花生炒熟，碾成碎粒；鸡蛋打成蛋液入油锅炒熟后剁碎。

3 把花生碎、鸡蛋碎放入茴香盆内，加芝麻油、盐、姜末拌匀。

4 将面团擀成饺子皮，包上茴香馅，放入开水锅内煮熟后装盘。

5 取适量的芝麻油、辣椒油、陈醋、酱油放入碗中，兑成调料汁。

6 把煮好的饺子配上调料汁、饺子汤，即可食用。

担担面

材料　面条2两、香酥豌豆适量

调料　姜、大头菜、芝麻酱、醋、香菜、冬菜尖、酱油、盐、花生末、芝麻油

做法

1 大头菜洗净切丝；香菜、冬菜尖、姜洗净切末。

2 面条煮熟后，盛入碗中，加入调料，拌匀后食用。

西葫芦煎饺

材料　面粉适量、西葫芦2条、香菇1小把、鸡蛋2个

调料　姜、盐、芝麻油、熟花生碎

做法

1　面粉加入适量的冷水和成面团，饧30分钟。

2　西葫芦洗净剁碎，撒少许盐出水后，放入盆内待用。香菇、姜切碎；花生放入锅中炒熟后，碾成碎粒。

3　鸡蛋去壳打散，加胡椒粉、盐调味，倒入油锅内煎熟后剁碎。

4　香菇碎、熟花生碎、姜末、盐、芝麻油、鸡蛋碎放入西葫芦盆里拌匀。

5　把和好的面，擀成饺子皮，包上西葫芦馅，做成饺子。

6　平底煎锅内刷一层油，放入饺子，洒少许水焖2分钟。待水分全部蒸发，饺子底部煎黄后，取出食用。

小常识

◎西葫芦富含水分，有润泽肌肤的作用。还含有抗坏血酸、胡萝卜素、钙等物质，营养十分丰富。

◎对于不爱吃菜的孩子，可以把各种蔬菜切碎了包成包子、菜盒子、饺子，也可以烙饼、煮粥，将各种颜色的蔬菜搭配在一起，红黄蓝绿这些艳丽的色彩，会吸引孩子的眼球。

特点 酥黄油亮，香脆味美

韩国五色汤圆

材料　糯米粉适量

调料　红豆沙、红枣片、肉桂粉、花生粉、黑芝麻粉、黄豆粉

做法

1　把花生、黄豆、黑芝麻分别炒熟后打成粉；红枣去核切成薄片。

2　糯米粉加70度的热水和成面团后，分成剂子，包入豆沙馅，搓成汤圆待用。

3　汤圆放入开水锅内，煮至浮上水面后，捞出泡凉水待用。

4　将汤圆沥水擦干，分别蘸上红枣片、肉桂粉、花生粉、黑芝麻粉、黄豆粉，装盘后食用。

小常识　汤圆是中国汉族的代表小吃之一，历史十分悠久。汤圆营养丰富，可补虚调血，健脾开胃。但汤圆的含糖量较高，所以吃汤圆时最好搭配一些辣味小菜，不仅爽口解腻，营养也更均衡。

云南米粉

材料 新鲜米粉1碗、香酥青豆适量、香酥鹰嘴豆适量、榨菜少许

调料 辣椒油、鸡枞油、花椒油、芝麻油、姜、醋、酱油、盐、熟花生碎、
香菜

做法

1 榨菜、香菜、姜洗净切碎；生花生倒入空锅内，用小火炒熟后，碾
成碎粒。

2 锅内加水烧开后将米粉烫熟，盛入碗中，加入调料，拌匀后食用。

特点 色泽饱满，麻辣鲜香

酸辣粉

材料　红薯粉条1把、香酥豌豆2大勺、榨菜丝1小包

调料　辣椒酱、辣椒油、花椒粉、花椒油、酱油、醋、盐、香菜

做法

1　红薯粉条放入开水锅内，煮至能用手指掐断时，盛入碗中待用。

2　锅内入油烧热，下辣椒酱炒香，加入开水、花椒粉、辣椒油、酱油、醋、榨菜丝，煮开后浇到红薯粉上，放上香酥豌豆、花椒油、香菜末，拌匀食用。

主食

五谷百味

存爱于常

福根泡饭

材料　剩米饭1碗、剩菜1碗

调料　香菜、酱油、盐

做法

锅内加水，倒入剩菜剩饭煮5分钟，加酱油、盐，调味后食用。

小常识　一碗泡饭，配一个面包或者一个馒头、一个大饼，这样的一餐，节约惜福。

芝麻饭团

材料　米饭1碗、上海青适量、紫菜1张

调料　花生碎、盐、黑芝麻、芝麻油、白芝麻碎、油炸干辣椒

做法

1 上海青洗净焯水，切碎后挤干水分，放入米饭内，加调料拌匀待用。紫菜剪成长条。

2 取适量米饭捏成饭团，用紫菜条包住，摆入盘中，撒上油炸干辣椒，即可食用。

小常识　湿手捏饭团不会粘手。趁热捏，饭粒不会相互粘在一起，容易成团。

炒饭

材料　冷米饭1碗、鸡蛋2个

调料　胡椒粉、盐、香菜

做法

1　冷米饭里打入1个鸡蛋拌匀；香菜洗净切碎。

2　油锅烧热后，打入鸡蛋炒散，倒入拌好的冷米饭炒匀，加盐、胡椒粉、香菜末，调味后食用。

小常识　这是我们最传统，也是最熟悉的蛋炒饭，材料就是大米和鸡蛋，既简单美味，又可以花样多变。

香椿炒饭

材料 米饭1大碗、香椿1小把、红辣椒1根

调料 酱油、盐

做法

1 香椿洗净切碎，红辣椒洗净切末，待用。

2 锅内入油烧热，爆香红辣椒末，倒入米饭炒至松散，再加酱油、盐调味，放入香椿末，待香椿炒出香味后，出锅食用。

小常识 香椿被称为"树上蔬菜"，是香椿树的嫩芽，有主治外感风寒、风湿痹痛的功效。

扬州炒饭

材料 米饭1碗、素火腿1块、毛豆1小碗、鸡蛋2个、红萝卜1段、四季豆1小把

调料 姜、酱油、盐

做法

1 红萝卜、素火腿洗净切丁；毛豆洗净去皮；四季豆洗净切片；鸡蛋去壳打散。

2 爆香姜末，下红萝卜丁炒香，放入毛豆、四季豆炒熟，再倒入鸡蛋液，翻炒至蛋液凝固后，加米饭、素火腿、酱油、盐，炒熟后食用。

特点

家常美味，醇香可口

铜锅焖土豆饭

材料　大米1斤3两、红萝卜1根、土豆3个、西红柿1个、云南花豆1碗

调料　盐

做法

1　大米、花豆洗净；土豆、红萝卜、西红柿洗净，去皮切块。

2　炒香红萝卜，下花豆、土豆、盐炒匀，加入西红柿略微翻炒后，倒入铜锅。加入大米盖住土豆，加水焖熟，食用时拌匀即可。

新疆抓饭

材料　大米1斤、黄萝卜2根、红萝卜2根、豌豆1小碗、鹰嘴豆1小碗、
　　　巴旦木适量、葡萄干适量

调料　姜、花椒、盐

做法

1　红黄萝卜洗净切条;鹰嘴豆提前1晚用冷水泡软;豌豆、大米淘
　　洗干净;葡萄干用温水浸泡洗净,沥干水分;姜切片。

2　锅内入油烧热,炸香花椒粒后,滤出花椒,下姜丝爆香,放入红
　　黄萝卜条、盐,炒软后关火。

3　一层萝卜条,一层鹰嘴豆、豌豆、巴旦木,一层大米,铺在电饭锅
　　内,如此重复,将所有的萝卜条、豆子和大米都放入锅内。然后
　　加入凉水盖过大米一指节高,焖煮30分钟。

4　加入葡萄干继续焖煮5分钟后,拌匀食用。

小常识

◎ 抓饭是新疆的传统主食之一,新疆各族人民都爱吃。做抓饭时添
加一些葡萄干、豌豆和鹰嘴豆等,做出的抓饭味道鲜美,带有微甜,
色泽光亮,很有异域风味。

◎ 红萝卜条和黄萝卜条用油炒过之后,煮出的抓饭格外香甜。

◎ 黄萝卜是抓饭之核心,俗有"新疆人参"之称,很多人称它为"地
参",能够补气健脾,帮助消化。

韩国拌饭

材料　大米1碗、青瓜1小段、白萝卜1小段、红萝卜1小段、南瓜1块、杏鲍菇1个、海带少许、红尖椒2根

调料　豆瓣酱、酱油、素蚝油、糖、盐、芝麻油

做法

制作主食：

把大米洗净，放到电饭煲里煮熟。

制作配菜：

1　红萝卜、白萝卜、青瓜、南瓜、杏鲍菇、海带切丝；红尖椒切小片。

2　白萝卜、青瓜：分别用盐腌2分钟，盛入小碗待用。

3　南瓜丝、红萝卜丝、海带丝：分别放入油锅中炒软后待用。（不用加盐）

4　杏鲍菇丝：倒入油锅内炒软，加入酱油、素蚝油、糖、芝麻油调味，炒熟后盛入碗中。

制作辣椒酱：

锅内入油，爆香红尖椒片，下豆瓣酱炒香，加少许糖、芝麻油、素蚝油，拌匀后盛出。

搭配食用：

碗中盛入米饭，按颜色搭配放入各种菜丝，倒入辣椒酱，拌匀后食用。

小常识　韩式拌饭里蕴含着"五行五脏五色"的原理。绿色食物属木，利于肝脏；红色食物属火，利于心脏；黄色食物属土，利于脾脏；白色食物属金，利于肺脏；黑色食品属水，利于肾脏。

特点 色泽艳丽，香辣开胃

纳豆炒饭

材料 米饭1碗、鸡蛋2个、素火腿1块、纳豆适量、青辣椒3根、
红辣椒3根

调料 生粉、胡椒粉、盐

做法

1 鸡蛋打入纳豆碗中，加胡椒粉、盐、生粉拌匀。素火腿切丁；香
菜洗净切碎；青、红辣椒去头去籽待用。

2 油锅烧热后，倒入鸡蛋液炒散，加冷米饭、素火腿丁、盐，炒熟，
撒上香菜末拌匀后装入辣椒盅即可。

红苋菜煮面条

材料　红苋菜1把、挂面3两

调料　姜、酱油、胡椒粉、盐、芝麻油、香菜

做法

1　红苋菜择好，洗净切段；香菜洗净切碎；姜切丝。

2　油锅烧热，爆香姜丝，放入红苋菜、胡椒粉炒匀，加开水、酱油，将苋菜煮熟，待用。

3　烧水将挂面煮熟，捞出盛入碗里，放上炒好的苋菜，倒入菜汤，加上香菜末、芝麻油，即可食用。

杂锦炒面

材料　新鲜湿面条3两、木耳少许、青椒1根、油豆腐3个、
　　　红萝卜1小段、大白菜2片

调料　酱油、芝麻油、盐、生粉

做法

1 红萝卜洗净切片；大白菜、油豆腐、木耳洗净切丝；青椒洗净去
　籽切粒。

2 取适量调料放入碗里，加入清水兑成调味汁。

3 将面条煮熟，过冷水后铺在平底煎锅内，用小火煎至金黄色定型
　后，盛入盘中。

4 锅内入油烧热，下红萝卜片、青椒粒、木耳丝炒匀，放入油豆腐、
　大白菜、清水，炒熟。

5 倒入调味汁，待汤汁煮至浓稠时，淋在煎好的面条上，即可食用。

萝卜黄瓜炒河粉

材料　红萝卜1小段、黄萝卜1小段、黄瓜半条、河粉1碗

调料　糖、酱油、盐、胡椒粉、香菜

做法

1　黄瓜、红萝卜、黄萝卜洗净切丝,香菜洗净切碎。

2　锅内入油烧热,下红黄萝卜丝炒软,放入黄瓜丝、河粉、调料,炒熟后撒上香菜末,拌匀即可。

小常识　炒河粉时右手握锅铲炒,左手用筷子帮助翻动,这样河粉就不容易炒断或炒碎了。

雪菜面

材料　新鲜面条3两、雪里蕻适量、杏鲍菇1个

调料　豆瓣酱、酱油、芝麻油、素蚝油、盐、糖、生粉

做法

1　杏鲍菇切丝，加入适量调料拌匀；雪菜洗净切碎。

2　油锅烧热，下豆瓣酱炸香，加入杏鲍菇丝炒出香味后，放入雪里蕻，炒熟待用。

3　面条煮熟后盛入碗中，加上面汤、雪菜、杏鲍菇、芝麻油，即可食用。

新疆拉面

材料　新疆面粉适量、茄子1条、红辣椒1根、青辣椒1根、西红柿2个

调料　盐、酱油

做法

1　面粉加盐后，用凉水和成面团，盖上湿布饧20分钟。然后再揉一次，再饧20分钟。

2　西红柿洗净去皮切块；茄子洗净切丝；红辣椒洗净去籽切丝。

3　在案板上抹一层油，把面团放在上面，搓成细长条再盘成圈，将面圈抹油后再饧30~40分钟。

4　锅内倒水烧开，把盘好的面拉细，下锅煮熟，过凉水后沥干装盘。

5　锅内入油烧热，下青红辣椒丝爆香，放入西红柿、茄子丝、盐、酱油，炒熟后盛入拉面盘内，拌匀食用。

小常识

◎ 拉面出锅后，过一下冷水，口感会更筋道。

◎ 天气冷时，可用20度左右的温水和面。

◎ 在北方做拉面，把面条盘成圈后，要用保鲜膜密封起来，因为北方较干燥，如果不密封面皮会结壳。

◎ 新疆面粉的筋度相比其他地区的面粉，普遍要高。因此，用不同地方的面粉拉面，效果会有不同。

打卤面

材料　干面条3两、大白菜1/4棵、豆腐1块、红萝卜1根、木耳1把、
　　　香菇10朵、黄花菜1小把、干竹笋适量

调料　郫县豆瓣酱、甜面酱、姜、花椒粒、酱油、醋、糖、盐、芝麻油、
　　　胡椒粉、生粉、香菜

做法

准备配菜

【干货洗净泡软】竹笋、香菇、木耳切丝；黄花菜切段。

【蔬菜洗净】大白菜切粒；红萝卜切片；香菜、姜切末。

豆腐切丁。

准备调料

【生粉水】取适量的生粉、盐、酱油、醋、胡椒粉放入碗内，加水搅
拌均匀。

【花椒油】锅内入油烧热，下花椒粒炸香，捞出花椒，倒出花椒油
待用。

制作卤面

1　锅内入油烧热，爆香姜末，下豆腐炒香，放入香菇、竹笋、红萝卜、
　　木耳、黄花菜，炒至五成熟，盛出待用。

2　爆香豆瓣酱、甜面酱，加入开水、酱油、盐、糖，倒入炒好的配菜，
　　煮20分钟。

3　放入白菜，煮熟后倒入生粉水收汁，加入少许芝麻油、香菜末
　　即可。

4　将面条煮熟，盛入碗内，浇上卤汁，拌匀后食用。

特点 汁浓味重，辣中带鲜

小常识

◎ 打卤面的做法有很多种，风味不一，用料也多种多样。打卤面可分为"清卤"和"混卤"两种，清卤又叫汆儿卤，混卤又叫勾芡卤。

◎ 勾芡卤汁好吃的关键是料足，卤稠，如果卤汁不够浓厚，拌面之后就淡而无味了。

◎ 勾芡时，生粉水最好分两次放进去。第二次放慢一点，如果稠了就不用再加了。

锅仔乌冬面

材料　乌冬面3两、油豆腐2个、香菇4朵、鸡蛋1个、高汤适量

调料　芝麻油、酱油、盐、素蚝油、香菜

做法

1　煲仔锅内加入高汤、水、香菇，用大火煮2分钟。

2　放入乌冬面、油豆腐、盐、酱油、素蚝油，待面条煮熟后，加入香菜末、芝麻油，打入生鸡蛋，煮开后食用。

小常识　乌冬面用小麦粉制成，水煮不易软烂，口感好，可以做汤面，也可以做炒面。

280

特点 汤汁奶白，清香怡人

豆浆面条

材料 面条、黄豆、榨菜丝、香酥豌豆、冬菜尖各适量

调料 姜、酱油、盐、醋、芝麻酱、熟菜籽油、辣椒油、香菜、花生碎

做法

1 黄豆提前1天泡软，加入3倍的水，用豆浆机打成浆并煮熟；香菜、冬菜尖、姜切末。

2 锅内加开水把面条煮熟，捞出装在碗里，倒入煮好的豆浆。放入香酥豌豆、花生碎、冬菜尖等配料和调料，拌匀后食用。

向小利◎编著

千千素

第二册

配搭简单 营养均衡 养身养心

愿我们从素食这扇门，一起走进真实、平静、美满、持久的快乐。

世界知识出版社

图书在版编目（CIP）数据

千千素 . 第二册 / 向小利编著 . –– 北京：世界知识出版社，
2019.9
ISBN 978-7-5012-6073-7

Ⅰ . ①千⋯ Ⅱ . ①向⋯ Ⅲ . ①素菜—菜谱 Ⅳ . ① TS972.123

中国版本图书馆 CIP 数据核字（2019）第 159932 号

责 任 编 辑　　薛　乾
责 任 出 版　　王勇刚
装 帧 设 计　　义　慧

书　　　名　　**千千素**（第二册）

　　　　　　　QianQian Su（Di Er Ce）

作　　　者　　向小利
出 版 发 行　　世界知识出版社
地 址 邮 编　　北京市东城区干面胡同 51 号（100010）
网　　　址　　www.ishizhi.cn
经　　　销　　新华书店
印　　　刷　　艺堂印刷（天津）有限公司
开 本 印 张　　710×1000 毫米　1/16　33 印张
字　　　数　　80 千字
版 次 印 次　　2019 年 9 月第一版　2019 年 9 月第一次印刷
标 准 书 号　　ISBN 978-7-5012-6073-7
定　　　价　　88.00 元（全二册）

健康長壽幸福食譜

淨空 題

推荐序

————————————————●————●————————————————

　　中国的素食源远流长。早在春秋战国时代，食素的观念就已经逐渐深入人心，如《礼记》说"逢子卯，稷食菜羹"，这是为祭祀而引出素食的制度和习惯。又如北魏贾思勰《齐民要术》中就有《素食》的篇目，共记录了十一种素食的名菜谱，是我国目前发现的最早的素食谱。直到现在，历代素食品种多达数千，丰富多彩。介绍素食的书籍也愈来愈常见，为我们烹饪素食提供了极大方便。

　　瞻仰祖上博大精深的素食文化，体会其烹饪素食的智慧用心，不追求浓烈肥厚，不希图繁复夺目，平易恬淡才能令我们身心和谐，趋与自然合一。此次出版的《千千素》由向小利老师精心编著，食谱中包含菜式数百余道，不拘南北风味，注重采用应季蔬果与五谷杂粮，但以配搭简单、营养均衡、养身养心为原则，一一斟酌，调试烹煮，并录制相应的视频，整理成书，谨以此供养大众。愿我们从素食这扇门，一同走进真实、平静、美满、持久的快乐。

信德图书馆

我们以爱为食
——以爱去供养身边的家人和朋友

《阿含经》上有一句经文说：眼以眠为食，耳以声为食，舌以味为食，身以细滑为食，意以法为食，涅槃以不放逸为食。

对我们来说，"我们以爱为食"——宇宙间的万事万物，都仰仗着滋养，才能生存并散发出蓬勃生机，而我们所依赖的除了物质，更加必不可少的是"爱"。

无私的大爱，让我们看清众生本为一体，无差无别，众生生命同等可贵，放下我们一念口腹私欲，通往戒杀护生、弃肉茹素，通往身心清净、和谐美满的快乐之道。

当我们居家时，以一颗饱含着爱的心去煮一桌饭菜，真诚、恭敬地供养身边的家人和朋友，无论菜色是否鲜亮，摆盘是否精致，这样一颗爱心，足以打动在座的每一位，令大众都能欢喜吃素。煮菜前后多想一想，这位老人家年事已高，喜食软烂；这位小朋友正是备考阶段，健脑强体少不了；这位好友工作劳心，多需解乏安神……照顾每一位食客的感受，体会每一种食材的秉性，除了一颗供养大众的爱心，其他一切杂念都摒除，这样我们煮出的饭菜，自然会圆满。

至于烹调，实无丝毫经验可谈，中国的素食文化博大精深，但以恭慎求索、不断学习来自勉，谨以此小小心得向诸位报告，不妥之处，敬请批评指正。

向小利

吃素的好处

吃素更健康

◎ 远离癌症。

◎ 维持血液酸碱平衡，净化血质。

◎ 素食富含纤维质，帮助消化和排泄，净化循环系统。

◎ 减轻肾脏排毒负担和消化负担，维持血糖平衡。

◎ 减少病毒感染和寄生虫。

◎ 更全面的营养素：丰富的维生素、大豆分离蛋白、优质魔芋粉等，营养价值极高，促进新陈代谢；黄豆含有百分之四十的蛋白质，比肉类足足高出一倍，各种水果蔬菜含有丰富的维他命。

◎ 植物蛋白可使身体呈微碱性，大脑长时间保持良好的工作状态，明显提高体力、耐力及效率。

吃素更长寿

世界各地长寿的人们均以素食为主或者纯素食，巴基斯坦北部的浑匝人和墨西哥中部的印第安人，都是原始的素食民族，平均寿命极高。

吃素更幸福

素食能"卫生"，保护生理；"卫性"，保护善良的性情；"卫心"，保护慈悲心、清净心。慈悲与清净是身心健康的根本，人心地清净，绝对不会感染毒害，慈悲心可以解毒。世间任何解毒的药物，都没有慈悲心来得殊胜。

素食使我们身心自然清爽，烦恼更少，欲望更少，简单幸福快乐。

另外，人类是属于果食性动物，近似草食动物，有碱性唾液，平坦的白齿，有身长十二倍的肠，所以人类天生就是素食动物。

饲养牲畜要花掉十六份的谷物和黄豆，才能换得一份肉吃，其他的十五份谷物全都化成牲畜的粪尿排泄掉了，白白浪费百分之九十的蛋白质、百分之九十六的热量、全部的纤维质及糖类化合物。素食所消耗的地球资源更少，若大家都吃素，我们就能快速有效地改善全球暖化问题。

向小利老师　心语

我们的心清净
才能把菜做得好吃
即使我们不用什么调料
煮出来的菜也很好吃
因为心清净就是调料

最主要的是
为家人为别人做事
不要生烦恼
为众生做每一件事情
都是应该的
心甘情愿地去做
存着一颗供养的心
布施的心去做
我们每天做任何事情
都是在修福报

目录

菌菇类
鲜香佳肴　风味独特

汤类
汤汁清润　滋养美味

甜品小吃
甜品时光 五彩童趣

主食
粒粒饱满 谷香四溢

小菜

爽脆适口

开胃小菜

红萝卜泡姜

材料　红萝卜适量、姜适量

调料　白酒、冰糖、盐、白醋

做法

1　材料洗净，红萝卜切薄片。

2　先将姜片放入密封罐，然后放入红萝卜一同按紧。

3　放入两大勺盐，七八颗冰糖，两大勺酒，两勺白醋，倒入适量冷开水，盖上密封盖即可。

美味窍门

◎ 将红萝卜放在上面，这样泡出来的姜，颜色会很漂亮。

快手泡菜

材料　包菜适量、樱桃红萝卜适量

调料　盐、糖、白醋、香叶、花椒、红辣椒

做法

1　材料洗净,萝卜切片,包菜切小方块,红辣椒切成小段。

2　取一个密封罐子,一层萝卜一层包菜放入罐中,将其按紧。

3　放入适量白醋、糖、盐、香叶、红辣椒段、少许花椒,倒入凉开水或者矿泉水,没过菜,盖上盖子,3小时后即可食用。

美味窍门

◎ 根据个人口味可以加青瓜。

◎ 材料放入密封罐按紧,因为加上盐会出水。

拌麻辣藕

材料　莲藕1根

调料　盐、辣椒油、醋、酱油、香油、姜末、蒜末

做法

1　莲藕洗净去皮，入蒸锅蒸30分钟，取出晾凉后，切成1厘米厚的圆片。

2　备调料汁，放入适量姜末、蒜末、盐、酱油、辣椒油、香油、醋，搅拌均匀，将每一片藕两面蘸上汁，即可摆盘。

美味窍门

◎ 煮藕时忌用铁器，以免食物发黑。

卤莲藕

材料　莲藕1根

调料　盐、五香粉、老抽、生姜、红辣椒、花椒、冰糖、香叶、八角、
　　　桂皮、香菇

做法

1　锅内放入水,将所有的调料放进去烧开。

2　烧开后加入莲藕,大火煮开后转小火煮30分钟,即可出锅。

美味窍门

◎ 如果喜欢味道浓一点的,煮好半小时之后,再在锅里泡30分钟,味
　　道更加浓郁。

酱煮花生米

材料 花生米适量

调料 盐、糖、酱油、白醋、八角、料酒、蜂蜜、干辣椒

做法

1 花生米洗净后,锅内加水,将花生米放进去,加点白醋煮开。

2 煮开后将水倒掉,再将锅里加水,加两颗八角、三颗干辣椒,适量料酒、糖、酱油、盐、一勺蜂蜜。将其煮软,大概18~20分钟左右即可。

美味窍门

◎ 花生米煮熟后再焖一会儿,就会更入味。

花生拌豆芽

材料　豆芽1碗、花生米适量

调料　食用油、醋、糖、酱油、盐、芝麻油

做法

1　豆芽、花生米分别洗净。

2　锅内加入水，烧开，滴几滴熟油，加入盐，将豆芽放进去，煮至断生，捞出放在凉水中。

3　锅内加入油，烧至三成，加入花生米，小火慢炸。

4　捞出豆芽放入碗中，倒入炸熟的花生米，加盐、糖、酱油、醋，拌匀。再滴上芝麻油，即可食用。

美味窍门

◎ 绿豆芽性寒，烹调时应配上一点姜丝，以中和它的寒性，十分适合夏季食用。

◎ 如果选择炒豆芽，正确的方法是烹炒时先放醋，可以保持豆芽的白色，保护豆芽菜的水分不向外流失，在口感上显得脆嫩，而且醋能保护豆芽菜、土豆等蔬菜的维生素C在烹炒时不受损失或少受损失。

怪味花生米

材料　花生米适量、玉米粉适量、鸡蛋清适量

调料　食用油、盐、糖、辣椒粉、花椒粉、胡椒粉

做法

1　花生米洗净去皮，放入适量胡椒粉、盐、搅拌均匀。

2　备用一个碗，放入玉米粉、鸡蛋清，用少许清水调成糊状，倒入拌好的花生米里面。

3　锅内放入油，烧至三成熟，小火炸至金黄色即可，并再次回锅捞起。

4　另取一个锅，加清水烧开，放入糖，慢慢搅到起泡，关小火，将花生米倒进去，放适量胡椒粉、辣椒粉、花椒粉调味，即可上碟。

美味窍门

◎ 花生米稍微用水煮一下，或者用开水烫一下，皮很快就可以剥掉了。

◎ 将炸好的花生米再次回锅，可以使颜色均匀。

◎ 油炸食物时，锅里放点盐，油就不会外溅了。

凉拌米粉

材料　米粉2把、红萝卜丝1小碗、薄荷丝1小碗、紫菜丝1小碗、香菜1小碗

调料　盐、酱油、花椒油、醋、辣椒油、熟芝麻、芝麻油、玫瑰花糖

做法

1 根据个人的口味调配配料,适量的放入醋、酱油、盐、芝麻油、花椒油、辣椒油、玫瑰花糖,搅拌均匀。

2 将米粉放在盘子中间,四周分别放上红萝卜丝、薄荷丝、紫菜、香菜。

3 最后,将调料淋在中间,撒上熟芝麻即可出盘。

美味窍门

◎ 米粉质地柔韧富有弹性,水煮不糊汤,干炒不易断,配以各种菜码或汤料进行汤煮或干炒,爽滑入味,制作花样很多,只要我们善于创新,就能制作出各色风味。

芥末蘸秋葵

材料　秋葵适量

调料　酱油、芥末

做法

1 秋葵洗净，将尾部切掉。

2 锅内烧开水，放入秋葵煮5分钟后捞出，放入凉水中晾凉，然后再将秋葵对半切，装盘。

3 取一个芥末碟，加入芥末膏、酱油即可。

美味窍门

◎秋葵，又叫黄秋葵、羊角豆、咖啡黄葵，果实长条形，像羊角，故又称羊角豆；秋葵是很有营养的一种蔬菜，尤其是里面的籽和胶液更具有独特的保健功效，所以秋葵不要切破后焯水，整株烹饪，蘸日式芥末、酱油，清新爽口。

麻辣芹菜叶

材料　芹菜叶适量、红辣椒4根

调料　盐、醋、芝麻油、花椒油

做法

1 材料洗净,红辣椒切丝。

2 锅内烧开水,放入芹菜叶稍微烫一下,放入凉水中沥干水待用。

3 将盐、红辣椒丝、花椒油、醋、芝麻油放入芹菜叶中,拌均匀即可上碟。

健康·长寿

◎俗话说:家厨眼中无废料。很多人只吃芹菜杆,其实芹菜叶的降压效果很好,特别适合高血压和动脉硬化的患者、糖尿病患者、缺铁性贫血患者、经期妇女食用。

芹菜拌腐竹

材料　芹菜适量、腐竹适量

调料　盐、酱油、醋、芝麻油

做法

1 材料洗净,芹菜切段,腐竹泡软切丝。

2 锅内放入水烧开,将芹菜煮至断生后,放入凉水中。

3 将焯好的芹菜,沥干水切成与腐竹同样大小的丝,装碟。

4 准备调味料,加入适量酱油、醋、芝麻油、盐,搅匀后淋上即可。

美味窍门

◎焯水的时间短一些,可以保持芹菜的清脆口感。

凉拌双笋

材料　冬笋半个、莴笋半条、红萝卜半根、木耳1中碗

调料　食用油、盐、糖、酱油、醋、橄榄油

做法

1　先将冬笋剥皮洗净，煮熟，切成粒，莴笋切粒，红萝卜切块。

2　锅内加水，放少许盐，分别放入莴笋、木耳，焯水后，放在凉开水中，再沥干待用。

3　锅内放入油，烧至五成熟，将红萝卜丝放进去炒出胡萝卜素。

4　冬笋、莴笋、红萝卜，一同搅拌，放入调味料，盐、酱油、醋，少许糖、橄榄油，拌均匀即可上碟。

美味窍门

◎ 莴笋焯水后，放入凉开水中颜色不会变，炒出来的菜色也会更有食欲。

麻酱拌莴笋

材料　莴笋1根

调料　盐、芝麻油、熟芝麻

做法

1　莴笋洗净，用刨皮器将莴笋刨成薄片，放入凉水中（水中加少许盐），腌2分钟后捞出，沥干水分，放入盘中。

2　取小碗装入两勺芝麻酱，加入盐，用凉开水将芝麻酱拌成汁，淋在莴笋上面，撒上一些熟芝麻，即可食用。

美味窍门

◎ 用刨皮器刨出的薄片，凉拌出的莴笋更加晶莹剔透且入味。

味噌拌莴笋

材料　莴笋1根

调料　盐、糖、蒜末、味噌酱

做法

1　莴笋洗净切小方块，用盐拌均匀。

2　取调味碟，将盐、糖、味噌酱、蒜末，用开水拌匀后，淋在莴笋上
即可。

美味窍门

◎味噌不耐久煮，所以煮汤通常最后再加入味噌，略煮一下便要熄火，
以免味噌的香气流失；先将三分之二的味噌融入食材中入味，待起
锅前再加入味噌提香。

豆类

生熟皆可

老幼皆宜

八宝豆腐

材料　嫩豆腐适量、素火腿少许、瓜子仁适量、红萝卜适量、松仁适量、
　　　豆泡适量

调料　食用油、盐、生粉水、料酒、香菜

做法

1　素火腿、红萝卜洗净切粒，豆泡切末。豆腐切成小块。

2　锅内放入油，烧至四成熟，依次放入素火腿、豆腐泡、红萝卜、瓜
　　子仁、松仁，倒入料酒，翻炒后，再加入豆腐、水、盐。

3　调少许生粉水，待材料煮至入味，淋上生粉水勾芡，撒上香菜，
　　即可上碟。

美味窍门

◎ 豆腐比较嫩，在烹调时，不要过多地翻炒，这样煮出来的豆腐，不仅
有口感，整盘菜色也会更加色香味俱全。

豆腐鸡蛋羹

材料　鸡蛋适量、豆腐适量

调料　食用油、盐、素蚝油、糖、生粉水、香菜或葱花

做法

1　将豆腐压碎，倒入碗内，打入适量鸡蛋，打散调匀，装入玻璃盘中。放入蒸锅蒸15分钟。

2　另取一个锅，锅内倒入清水，加入盐、糖、素蚝油、搅一搅，将汁烧开。

3　烧开后加入生粉水，关小火，加点熟油，煮至起泡即可。

4　取出蒸好的豆腐鸡蛋羹，浇上调味汁，撒上香菜或葱花，即可食用。

美味窍门

◎选择豆腐的材料最好是用嫩豆腐，这样蒸出来的豆腐鸡蛋羹口感更嫩。

双椒蒸豆腐

材料 嫩豆腐1块、青红剁辣椒1小碗、葱花适量

调料 食用油、酱油

做法

1 葱洗净,取叶子,切成葱花。

2 豆腐切厚片,整齐放入盘中。将青红剁椒均匀撒在豆腐上,加少许酱油,放入蒸锅内,蒸10分钟后,在上层撒上葱花。

3 锅内放入一调匙油,烧至八成熟,浇在葱花上,即可食用。

美味窍门

◎ 因为剁椒和酱油都有咸味,所以这道菜不必加盐。最后浇入的油要热一些,才会将葱花炝出香味。

咸蛋黄煮豆腐

材料　嫩豆腐1块、松仁少许、咸鸡蛋2个

调料　食用油、盐、胡椒粉

做法

1　咸蛋煮熟后，将蛋黄捣碎，松仁稍微用油炒至金黄色。豆腐切成厚片铺平在锅中。

2　锅内倒入熟油，加入适量水，淹没豆腐的一半，撒上胡椒粉、盐，待锅内的水开后，再煮5分钟上碟。

3　上碟后，撒上咸蛋黄、松仁即可。

美味窍门

◎ 煮豆腐的时候放一勺盐，可以去除豆腥味，还可以使豆腐变得美味鲜嫩。

◎ 因为咸蛋黄本身有咸味，放盐时应酌减分量。

蘑菇炖豆腐

材料　豆腐适量、平菇1碗

调料　食用油、盐、酱油、芝麻油、料酒、生粉水

做法

1　将豆腐切成小块，平菇洗净，撕成条。

2　锅内加适量水，倒入料酒、豆腐，烧开后捞出待用。

3　锅内放入油，倒入适量的水，将平菇、豆腐放进去，加入酱油、盐，慢火炖20分钟后，加生粉水、芝麻油略煮，即可出锅。

健康·长寿

◎焯豆腐有讲究，常见许多焯水过后的豆腐（尤其是嫩豆腐），不是散碎就是中心出现空洞，不符合烹调的要求。正确的方法是，将豆腐切成大小相近的小方块，然后放在水锅中，与冷水同时加热，待水温上升到90度左右时，转用微火恒温，慢慢见豆腐上浮，捞出浸冷水中即可。

番茄烧豆腐

材料　豆腐适量、西红柿2个、豌豆少量

调料　食用油、盐、生抽、糖、芝麻油、葱花、番茄酱、生粉水

做法

1　材料洗净,豆腐、西红柿分别切成小块。

2　锅内放入油,烧至四成熟,将葱花放进去炸香,倒入一半西红柿炒软,再加点番茄酱,炸出红油。

3　豆腐放进去,将剩下的西红柿也一同放进去翻炒。

4　倒入温水,加入适量的盐、糖、生抽。煮2分钟后,放入豌豆,少许生粉水,淋上芝麻油即可上碟。

健康·长寿

◎ 本菜以豆腐和西红柿为主料搭配做菜,西红柿中富含有机酸,二者搭配有助于豆腐中钙的吸收。对老年人有很好的抗老防衰·美容·抗癌之功。

芝麻酱烧豆腐

材料　豆腐适量、姜适量

调料　芝麻酱、卤水、香菜

做法

1　姜洗净切片，豆腐切块。

2　锅内加入水，烧开后，放入芝麻酱、姜片，将芝麻酱搅散。

3　在芝麻酱汤中，倒入少量卤水，加入豆腐，煮4分钟后收汁。起锅，撒上香菜即可。

健康·长寿

◎老年人因为年龄的关系，消化系统不好，经常会出现便秘，而豆腐是软食，容易消化。所以，建议老年人吃些豆腐，从而减少便秘。但不宜大量食用，不然反而会引起消化不良，加重肾脏的负担，也不利于身体健康。

黄瓜烧油豆腐

材料　黄瓜1根、油豆腐1碗、泡辣椒2根

调料　食用油、盐、高汤、姜片

做法

1 黄瓜洗净切条，油豆腐切条，泡辣椒切成斜段。

2 锅内放入油烧热，放入姜片和少许泡辣椒一同炸香，再放入豆腐泡、适量盐，翻炒均匀，放入黄瓜、泡辣椒，加少许水和高汤，翻炒片刻即可上碟。

美味窍门

◎黄瓜不要炒太久，太软了影响口感。

韭菜花炒豆干

材料　豆腐干4块、韭菜花适量、红辣椒1根

调料　食用油、盐、酱油、胡椒粉

做法

1. 豆腐干、红辣椒切丝，韭菜花切成一寸长的段。

2. 锅内放入油，烧至四五成熟，放入红辣椒炒出红油，放入豆腐干、少许酱油、胡椒粉，再将韭菜花放进去，撒上一点盐，炒软即可上碟。

美味窍门

◎ 韭菜花也叫韭菜苔，用来炒豆干非常好吃，想要豆干更加软些，可再喷少许水。做好的韭菜要一次吃完，不要剩下。熟韭菜放置时间过长会产生亚硝酸盐，对身体有害，所以一定不要吃剩韭菜。

青红辣椒炒臭豆腐

材料　臭豆腐块1碗、青辣椒2根、红辣椒2根

调料　食用油、盐、酱油、干辣椒粉、花椒粉

做法

1　青红辣椒洗净，切粒。

2　锅内放入油，烧至三成熟，放入臭豆腐，炒至金黄色，加少许酱油，放入青红辣椒，撒上干辣椒粉、花椒粉、盐，翻炒均匀，即可上碟。

美味窍门

◎ 买来先尝尝臭豆腐的咸淡，再来调味。这样烹调出的臭豆腐咸淡才适宜。

芹菜炒香干

材料　芹菜适量、香干3块、红辣椒适量

调料　食用油、盐、酱油、糖、豆瓣酱

做法

1　芹菜洗净,切成一寸长的段,香干切成半厘米厚的条,红辣椒切圆圈。

2　锅内放入油,烧至五成熟,放入红辣椒爆香后,再放入香干炒软,加入豆瓣酱、芹菜,将其炒软后,加少许水、盐、糖、酱油,翻炒均匀即可上碟。

美味窍门

◎ 在炒菜过程中洒上少许水,这样炒出的香干更加松软,芹菜也容易熟。

青瓜煮蚕豆

材料　青瓜1条、蚕豆瓣1碗、姜2片

调料　食用油、盐、剁辣椒

做法

1　材料洗净，青瓜切粒，姜切末。

2　锅内放入油，烧至三成熟，放入姜末爆香后，加入剁辣椒炒出红油，再放入蚕豆瓣爆香，放入青瓜，加入水，少许盐，盖上锅盖，煮5分钟即可上碟。

美味窍门

◎ 可以到冬天都能吃到新鲜蚕豆的保存方法。将新鲜蚕豆煮熟（不要太熟）滤掉水，放在簸箕里把表面的水分晾干，分成一小份一小份，然后放冰箱冷冻，吃的时候再解冻即可。

蚕豆瓣烧黄瓜

材料　蚕豆瓣适量、黄瓜1根

调料　食用油、盐、糖、剁辣椒、葱、蒜

做法

1　将蚕豆泡开剥皮，黄瓜削皮。

2　锅内放入油，烧至三成熟，放入葱蒜，剁辣椒爆香，放入蚕豆瓣翻炒后，再放入黄瓜、水，烧开后煮5分钟，放入糖和盐即可。

美味窍门

◎ 小火爆香调料，这样调料的颜色不会变色，菜色美观。

蚝油四宝

材料　冬笋1小块、蚕豆1碗、素火腿1碗、香菇1小碗

调料　食用油、盐、素蚝油、糖、芝麻油、香菜

做法

1　材料洗净，竹笋剥壳，用盐水煮熟后，将其切成小粒。

2　锅内放入油，烧至四五成熟，将香菇放进去炸香，再放入素火腿、冬笋、蚕豆，加上水，放入适量盐、糖、素蚝油，煮3~5分钟后，淋上芝麻油，撒上香菜，拌匀即可。

美味窍门

◎将香菇切成比冬笋大一点的丁儿（因为鲜香菇烹调后会缩小）。

茴香炒蚕豆

材料　茴香适量、蚕豆1碗、红辣椒少许

调料　食用油、盐、糖、芝麻油

做法

1 材料洗净,茴香切成半厘米长的段,红辣椒切成圆。

2 锅内放入油,烧至五成熟,放入红辣椒,稍微炸香,加入蚕豆、盐、糖。

3 运用蚕豆本身的水分,炒至蚕豆皮爆开花,放入茴香,略炒,淋上少许芝麻油,翻炒均匀,即可出锅。

美味窍门

◎ 蚕豆炒至九成熟时放入茴香炒匀即可。

清炒鲜蚕豆

材料　新鲜蚕豆适量、黄辣椒2个、泡辣椒适量

调料　食用油、盐、糖、姜末

做法

1 材料洗净，黄辣椒切丁，泡辣椒切成圈。

2 锅内放入油，烧至四成熟，加入姜末、泡辣椒，爆出红油，加入新鲜蚕豆，均匀翻炒，加入清水，煮5分钟，再加入糖、盐、黄辣椒，均匀翻煮，即可出锅。

美味窍门

◎ 蚕豆性滞，不可生吃，烹制蚕豆时一定要将蚕豆煮熟，所以要加水焖煮。也可先将蚕豆焯一下水后再进行烹制。

◎ 蚕豆不可多吃，以防胀肚伤脾胃。

蚕豆雪里蕻

材料　干蚕豆瓣适量、油豆腐适量、雪里蕻适量

调料　食用油、盐、胡椒粉、糖、料酒、酱油、姜末、香菜

做法

1　干蚕豆泡开，剥皮。油豆腐泡切块，雪里蕻切碎。

2　锅内放入油，烧至四成熟，加入姜末、油豆腐泡，略炒片刻，放入蚕豆瓣、雪里蕻，再倒入料酒、糖、酱油、盐，翻炒均匀。

3　锅内加清水，盖上盖，煮5分钟，待蚕豆瓣煮软，放上香菜、胡椒粉拌匀即可。

美味窍门

◎ 梅菜本身是咸的，依个人口味可适量加少许盐。

◎ 炒这个菜，要舍得放油。炒制的过程中多多翻动以免粘锅。江南的口味，糖就要多放一点点，生抽少一点，能溶解糖就行。

蚕豆炒鸡蛋

材料　新鲜蚕豆适量、鸡蛋3个、红辣椒1根

调料　食用油、盐

做法

1　红辣椒洗净，切碎。打入鸡蛋，加盐，调匀。

2　锅内放入油，烧至三成熟，倒入调好的鸡蛋，迅速炒散，关小火，再稍微翻炒，即可装盘食用。

美味窍门

◎ 蚕豆焯过盐水，可以保持色泽翠绿，减少豆腥味。

冬瓜烧豌豆

材料　冬瓜1块、豌豆1小碗、红萝卜1根

调料　食用油、盐、花椒粉、芝麻油

做法

1　材料洗净，冬瓜剥皮，用挖球器挖出圆球，红萝卜切花朵状薄片。

2　锅内放入油，烧至四成熟，放入冬瓜、红萝卜片、豌豆，翻炒片刻，加入花椒粉、盐，再加入少许水，焖熟入味，待汤汁收干时淋上芝麻油，即可食用。

美味窍门

◎剩余的冬瓜肉，还可以切成丁或打成冬瓜蓉做菜用，毛掉可惜。

青黄豆煮豌豆

材料 熟豌豆1小碗、毛豆适量、新鲜花椒少许、青辣椒少许、松仁少许、
熟芝麻少许

调料 食用油、盐、芝麻油、小芝麻粉

做法

1 材料洗净,豌豆泡发煮熟。毛豆、新鲜花椒、青椒放入豆浆机,
打磨成浆。

2 锅内放入油,烧至五成热,加入一杯水,盖上锅盖烧开。水开后,
倒入黄豆浆、豌豆,略煮,加盐,撒上小芝麻粉,煮开后转小火,
煮5分钟加点芝麻油。

3 盛入碗中撒上松仁、熟芝麻油即可。

健康·长寿

◎ 黄豆浆倒入锅内,在煮的过程中会随着温度的升高,变得更为黏稠,
所以要不时用汤勺推动搅拌,以防粘底煮糊。

平菇炒豌豆

材料　平菇1碗、豌豆1小碗

调料　食用油、盐、剁辣椒、酱油、糖、芝麻油、姜、素蚝油

做法

1　平菇、豌豆洗净，平菇撕成丝，姜切片。

2　锅内放入水，加两片姜，放入平菇焯水，水开后捞出平菇，过凉水，挤干水分待用。

3　锅内放入油，烧至四成热，放入姜片爆香，然后放入剁辣椒、豌豆、平菇，再加入少许素蚝油、酱油、糖和盐均匀翻炒，出盘淋上芝麻油，即可食用。

美味窍门

◎ 焯水后的平菇再炒制时容易入味，口感也更好。

红烧豌豆凉粉

材料　豌豆粉适量

调料　食用油、盐、酱油、胡椒粉、糖、豆瓣酱、鸡㙡油、香菜、生粉水

做法

1　豌豆粉切块。

2　锅内放入油，烧至三四成熟，加入豆瓣酱，炒出红油，加入水烧开。

3　加入鸡㙡油、盐、胡椒粉、酱油、糖，然后再放入豌豆粉，煮至入味。

4　快起锅时慢慢倒入生粉水，撒上香菜，即可出锅。

美味窍门

◎ 夏季吃凉粉消暑解渴，冬季热吃凉粉，多调辣椒，又可驱寒。切凉粉时刀子最好沾些水，用起来利爽不粘，切出的形状会比较整齐好看。

菌菇类

鲜香佳肴

风味独特

香菇小菜

材料　香菇1碗

调料　食用油、酱油、白芝麻

做法

1　香菇用温水泡开，洗净。拧干切粗条，放入酱油腌渍20分钟。

2　锅内放入白芝麻，炒至金黄色，备用。

3　锅内放入油，烧至五成熟，将腌制好的香菇放入锅内先用中火炒，再慢慢加小火，将香菇里面的水分炸干。撒上白芝麻，即可上碟。

美味窍门

◎香菇一定要小火慢慢地炒干，这样口感才好。

爆素鳝丝

材料　香菇适量

调料　食用油、盐、酱油、糖、醋、姜丝、胡椒粉、生粉、白芝麻

做法

1 香菇洗净切丝，放到碗里加上盐、生粉水搅拌均匀。

2 准备调味料加适量酱油、醋、糖、盐、水，生粉搅拌均匀待用。

3 锅内放入油，烧至五成熟，待油烧好，将拌好的香菇放进去炸好待用。

4 将锅里留些底油，放入姜丝炸香，加水和刚刚调好的调味料，再放入炸好的香菇一同翻炒，炒好后，盛出撒上胡椒粉、白芝麻即可食用。

美味窍门

◎ 因为香菇很吸味道，腌制的时候一定要注意适量用盐。

泡椒炒香菇

材料　新鲜香菇适量

调料　食用油、盐、泡辣椒、姜片、葱片、大蒜、芝麻油、生粉水

做法

1　材料洗净,香菇切斜片,泡辣椒切马耳朵的形状,姜、蒜、葱分别切片。

2　锅内放入油,烧至四五成熟,放入姜片、蒜片、葱片、泡辣椒,一起炒香。

3　再将香菇倒下去,加点水,稍微煮2分钟,放入盐,待收汁后,倒入生粉水,淋上芝麻油即可上碟。

美味窍门

◎泡辣椒炸出红油,姜、蒜、葱的香味炸出,这道菜炒出来更有味道。

炒扫把菌

材料　扫把菌1碗、红辣椒少许、青辣椒少许

调料　食用油、盐、姜

做法

1 材料洗净，姜切丝，青红辣椒切条，扫把菌切块。

2 锅内加适量的水，烧开后倒入扫把菌焯水，烧开后1分钟捞出。

3 锅内加入油，烧至七八成熟，放入姜丝、青红辣椒，爆香后，将焯好的扫把菌放进去，翻炒片刻后，加适量盐，炒熟即可上碟。

健康·长寿

◎ 扫把菌，质地脆嫩，别具风味，鲜嫩爽口的食用菌，被称为野生菌之花。

◎ 扫把菌菌体内有非常有益健康的一种活性酸，会有一点酸味，如果不喜欢这样的酸味，可以先用水煮1~2分钟，酸味就没有了，拿水煮过的菌子炒菜或者煲汤，都可以。

炒奶浆菌

材料　奶浆菌1碗、红辣椒少许、青辣椒少许

调料　食用油、盐、姜丝

做法

1　材料洗净，姜切丝，青红辣椒切条，奶浆菌切斜块，焯水。

2　锅内加入油，烧至七八成熟，放入姜丝、青红辣椒，爆香后，放入焯好的奶浆菌，翻炒片刻后，加适量盐，炒熟即可上碟。

健康·长寿

◎奶浆菌学名为多汁乳菇，俗称谷熟菌，掐下奶浆菌，你会发现有白色的浆水流出，奶浆菌这一叫法由此而来。奶浆菌的特点是香味浓郁，食之味道鲜美。

◎洗野生菌时比较顽固的泥沙可以用盐水，拿小牙刷，百洁布，或者有机会摘到南瓜叶，在活水下，轻轻刷洗。

油焖茶树菇

材料　茶树菇适量

调料　食用油、糖、生粉水、老抽、生抽、姜片、干红辣椒

做法

1　材料洗净，锅内放入油，烧至六成熟，放入姜片、干红辣椒爆香后，放入茶树菇。

2　翻炒后放入老抽、生抽、糖，继续翻炒，再加适量水，将其焖3~4分钟后加上生粉水翻炒即可。

美味窍门

◎ 新鲜茶树菇下锅前，最好用清水冲淋后再用淡盐水浸泡下，以去除新鲜茶树菇的一些气味和脏物，并增强茶树菇的韧性。

烤松茸

材料　松茸2颗

调料　植物牛油

做法

1 松茸洗净，切成一寸长的薄片

2 锅开小火，放入适量的植物牛油，锅烧热后用锅的余热，将松茸一片片放进去，烤至两面呈金黄色即可上碟。

美味窍门

◎松茸片要稍微切厚一点，这样才能煎出外表焦香，内部软嫩的口感。

香炸鸡枞菌

材料　鸡枞菌1碗、面粉少许、生粉适量、鸡蛋清少许

调料　食用油、盐、花椒粉、草果粉

做法

1　鸡枞洗净，切小滚刀块放入碗中，将生粉、少量面粉、蛋清、草果粉、少许花椒粉、盐一同放进去搅拌均匀，裹在鸡枞上。

2　锅内放入油，烧至五成熟，用筷子一个个地放进去，小火炸至金黄色捞出。

3　将炸好的鸡枞再次回锅，即刻捞起，即刻上碟。

健康·长寿

◎鸡枞，肉肥硕壮实，质细丝白，味鲜甜脆嫩，清香可口。是非常有名的云南美食珍宝。

◎鸡枞菌贵新鲜和时令，嫩嫩的骨朵适合蒸或者煮汤，如果是盛开的菌子，就适合清炒或炸鸡枞油。

酱烧杏鲍菇

材料　杏鲍菇2根

调料　食用油、盐、酱油、糖、姜末、蒜末

做法

1　杏鲍菇洗净切成厚片备用。

2　锅内放入油,烧至五成熟,将杏鲍菇倒下去,翻炒片刻,然后加适量水、盐、糖、酱油、姜末、蒜末,将菇翻炒至金黄色,收汁即可。

美味窍门

◎杏鲍菇不必切得太薄,稍微厚一点,吃起来口感更佳。

三杯杏鲍菇

材料　杏鲍菇3根、洋葱半个、小米辣适量

调料　芝麻油、盐、酱油、糖、米酒

做法

1　材料洗净，杏鲍菇切滚刀块，洋葱切块，小米辣切段。

2　锅内放入芝麻油，烧至五成熟，放入洋葱，爆香，加入杏鲍菇，炒至焦黄，加米酒、盐、糖、酱油。均匀翻炒，加少许水。焖至收汁。放入小米辣，炒至入味，即可出锅。

美味窍门　三杯汁中料酒、酱油、芝麻油的比例相等。喜欢加入罗勒叶，在下锅前用手拍开，香味更浓。

酱爆平菇

材料　平菇1碗

调料　食用油、盐、糖、甜面酱、葱、姜、芝麻油、生粉水

做法

1　将平菇洗净,撕成条,焯水,捞出后拧干水分,葱切成一寸长的段,姜切丝。

2　锅内放油,烧至五成熟,放入葱段、姜丝,爆香后放入甜面酱、平菇,加少许水、糖、盐、翻炒后加生粉水,淋上芝麻油,即可上碟。

美味窍门　平菇一定要控干水分,不然汤会很多。注意放入甜面酱时,容易粘锅,要适量放入。

白油金针菇

材料　金针菇1碗

调料　食用油、盐、胡椒粉、姜、葱、酱油、香菜、芝麻油

做法

1　材料洗净,姜切片,葱和香菜切段。

2　锅内加入水,烧开,放入金针菇焯水后,沥干过凉水。

3　锅内放入油,烧至三四成熟,放入葱、姜爆香,再放入金针菇、酱油、胡椒粉、盐,均匀翻炒后,加入少许芝麻油、香菜,即可食用。

健康·长寿

◎ 金针菇含锌量比较高,对增强智力,尤其是对儿童的身高和智力发育有良好的作用,人称增智菇。

◎ 金针菇中含有一种叫多糖体朴菇素的物质,抗癌效果很不错,想要预防癌症的人平时也可以多吃金针菇。

干煸猴头菇

材料　猴头菇适量

调料　食用油、盐、酱油、黄酒、冰糖粉、干辣椒、豆瓣酱、熟芝麻、
芝麻油

做法

1　将猴头菇用热水泡2小时后，把水拧干，再泡1小时，捞出沥干
撕块。

2　锅内放入油，烧热后，将猴头菇稍微炸香，放入豆瓣酱，炸出
红油。

3　放入适量黄酒、酱油、干辣椒、少许冰糖粉、盐，最后淋上芝麻油，
撒上白芝麻即可。

美味窍门

◎ 干猴头菇用温水泡发沥干，再用清水洗净，如果是新鲜的猴头菇则
先要将汁液挤干，去除苦味。反复浸泡，去掉老根，多挤压、换水。

汤类

汤汁清润
滋养美味

萝卜连锅汤

材料　萝卜1条、素肉1小碗、姜半块

调料　食用油、酱油、豆瓣酱、花椒面、辣椒面

做法

1　萝卜、姜洗净。萝卜切条。素肉切成薄片,姜拍扁。

2　锅内放入油,再放入姜,稍微炸香,加水,放入素肉焖煮。

3　取小碗,加入酱油、花椒面、辣椒面、豆瓣酱、熟油,调成味碟。

4　水开后,放入萝卜,煮半小时后,盛入碗中,配上味碟,即可食用。

健康·长寿

◎ 白萝卜很适合用水煮熟后喝萝卜水,放点白糖,可以当作饮料饮用,对消化和养胃有很好的作用。

椰子肉煲腰果汤

材料　椰子1个、腰果适量、姜半块

调料　食用油、盐

做法

1　材料洗净，新鲜椰子取出椰肉，切成片。姜切片。

2　锅内加入适量水、姜片、椰片、腰果、适量熟油，盖上锅盖，大火烧开后，转小火，熬2小时。

3　熬好后，加少许盐，再煮2分钟，即可食用。

小窍门

◎ 如何方便打开椰子？椰子放到冰箱冷藏一段时间再取出，这时由于热胀冷缩，椰肉受冷收缩，与外壳的联系不再紧密，用螺丝刀或者水果刀很容易就可以插进去，轻轻一撬，整片椰肉就完整取出了。

炖松茸

材料　松茸1碗

调料　食用油、盐

做法

1　松茸洗净切片。

2　准备两个炖盅,分别放入适量松茸,少许盐和食用油,加入适量温水,盖上盖子,放入炖锅中炖30分钟即可。

健康·长寿

◎ 松茸顶部的伞没有打开的为品质较好,如果已经打开,则代表营养价值降低了。

◎ 秋天天气干燥,最适合喝点这样的汤水滋补。

鸡蛋豆腐汤

材料　豆腐适量、鸡蛋4个

调料　食用油、盐、姜、葱、胡椒粉

做法

1　豆腐切条，再切少许姜丝和葱花。

2　鸡蛋打在碗里，在搅拌的过程中，放入少许胡椒粉、盐，再搅拌均匀。

3　锅内放入油，烧至三四成熟，倒入鸡蛋，边炒边将鸡蛋用锅铲剁成小块。

4　炒好后，关小火加入适量水、姜丝。煮1分钟后，放入豆腐、盐、胡椒粉，汤煮至金黄色，撒上葱花或香菜即可食用。

美味窍门

◎ 搅碎鸡蛋时不要让鸡蛋起太多的泡沫，煎出来的鸡蛋才好吃。

◎ 鸡蛋用来煮汤就要炒老一点。

◎ 姜丝有除腥的作用。

西红柿火锅汤

材料　西红柿适量

调料　食用油、盐、糖、番茄酱

做法

1　西红柿用沸水略烫后去皮，切成粒。

2　锅内放入油，烧至五成熟，放入番茄酱，炸出红油，再倒入西红柿，翻炒片刻。

3　加入水、盐、糖，略煮，即可盛出装入小火锅内，即是美味汤底。

健康·长寿

◎ 不吃未成熟的西红柿：因为青色的西红柿含有大量的有毒番茄碱，孕妇食用后，会出现恶心、呕吐、全身乏力等中毒症状，对胎儿的发育有害。

◎ 不要空腹吃：西红柿含有大量的胶质、果质、柿胶粉、可溶性收敛剂等成分。这些物质容易与胃酸起化学反应，结成不易溶解的块状物，阻塞胃出口引起腹痛。

冬瓜煮蚕豆米汤

材料　冬瓜适量、蚕豆瓣1碗

调料　食用油、盐、姜、胡椒粉

做法

1　材料洗净，冬瓜切厚片，姜切片。

2　锅内放入油，烧至三成熟，放入姜片爆香，加入水，盖上锅盖烧开。水开后加胡椒粉、盐，再放入切好的冬瓜片，略煮后加入蚕豆米，继续煮5分钟即可。

美味窍门

◎ 可放些海苔提鲜，味道更独特。

◎ 煮冬瓜的时候，只要看到冬瓜片的边缘都透明，中心还呈白色的时候，即可出锅，余热很快就会把中心的透明部分烫熟。如果煮至冬瓜块全部透明再出锅，吃的时候你就会发现冬瓜煮的太烂了。

水芹菜煮豆米

材料　新鲜蚕豆适量、水芹菜适量

调料　食用油、盐

做法

1 材料洗净,蚕豆剥成蚕豆瓣,水芹菜切成一寸长的段。

2 锅内放入油,烧至五成熟,加入适量的水。烧开后将蚕豆瓣、水芹菜放进去,加适量的盐,煮3~5分钟即可。

美味窍门

◎新鲜蚕豆上市的时候煮出来吃,最为鲜美好吃。

老鸭菜煮豆米

材料　老鸭菜适量、蚕豆适量

调料　食用油、盐

做法

1　材料洗净,锅内放入油,烧至五成熟,加入适量清水,烧开后放入豆米。

2　蚕豆约煮1分钟后,倒入老鸭菜,加入盐,煮3~5分钟即可食用。

健康·长寿

◎简简单单的做法,却有降血压的功效。

煮芹菜叶汤

材料　芹菜叶适量

调料　食用油、盐、醋、姜末、芝麻油

做法

1　芹菜叶洗净，锅内放入油，烧至五成热，放入姜末炸香。将芹菜叶放进去炒一炒，炒至断生后加水，烧开。

2　烧开后，加少许盐、醋、芝麻油，即可食用。

美味窍门

◎吃芹菜叶，对预防高血压、动脉硬化等都十分有益，并有辅助治疗作用。

豌豆尖豆腐汤

材料 豌豆尖适量、豆腐1块

调料 食用油、盐、姜

做法

1 材料洗净,姜切丝,豆腐切条。

2 锅内放入油,烧热后加入水、姜丝,水开后放入豆腐、盐,略煮片刻,放入豌豆尖,煮至开锅,即可食用。

美味窍门

◎ 清清爽爽的豌豆尖豆腐汤,加上一些蘑菇,味道会更加鲜香可口。

马桑花汤

材料　马桑花适量

调料　食用油、盐

做法

1　马桑花去蒂，洗净。

2　锅内加入水，烧开后，放入马桑花，加少许油、少许盐，开锅半分钟即可出锅。

健康·长寿

◎马桑花别名紫桑，多花密集；它花苦·微凉，能清热解毒，滋阴养颜。

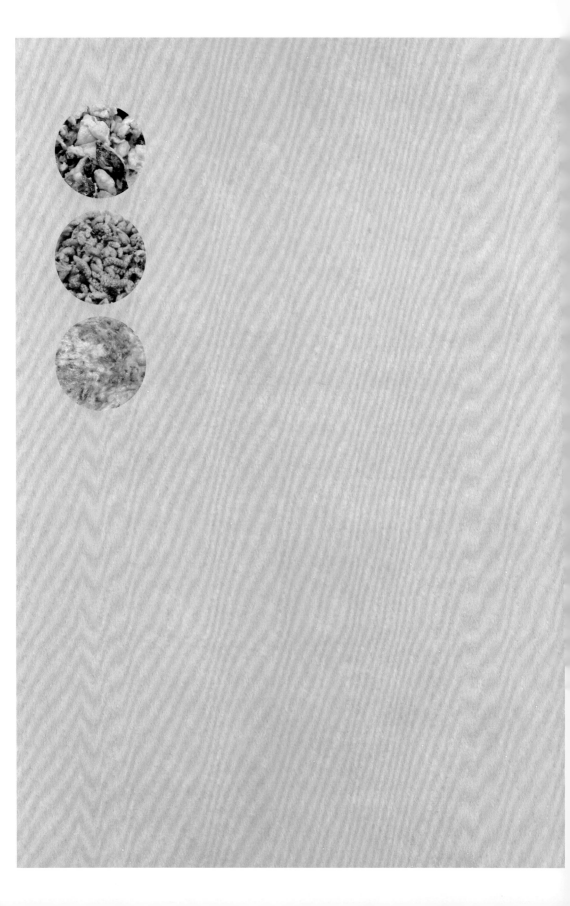

花类

闻之清香

食之余香

金雀花煎鸡蛋

材料　新鲜金雀花1小碗、鸡蛋3个

调料　食用油、盐、胡椒粉

做法

1　先将金雀花和鸡蛋放在碗里加入适量盐、胡椒粉，一同搅拌均匀。

2　锅内放入油，烧至三成熟后，将金雀花鸡蛋倒进去，慢火煎，煎至鸡蛋和金雀花凝固在一起，两面煎至金黄色，即可上碟。

美味窍门

◎金雀花用沸水焯过，再用冷水漂洗，去除草木的涩味和杂质。

◎煎鸡蛋一定要慢火煎，颜色和口味才会更佳。

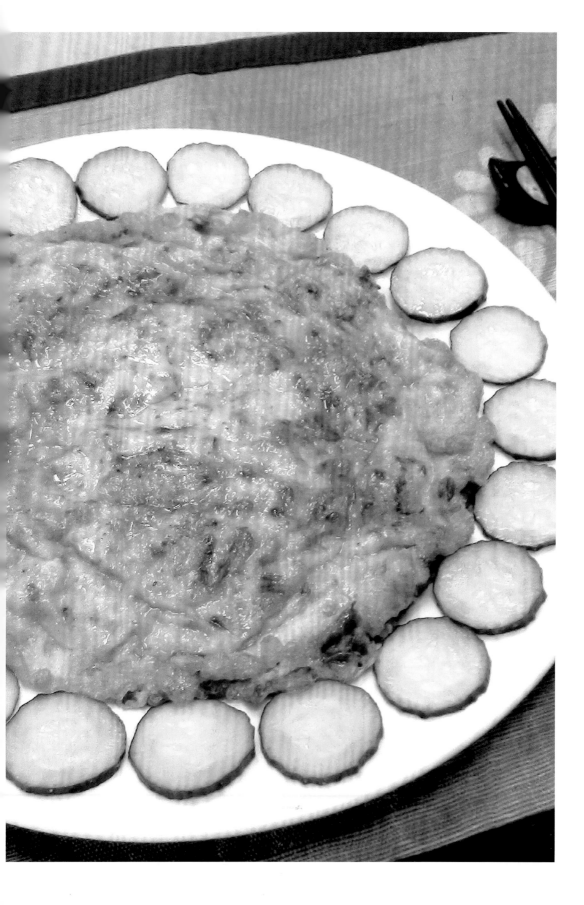

凉拌马桑花

材料 马桑花适量

调料 盐、芝麻油

做法

1 马桑花去蒂, 洗净。

2 锅内加入水烧开, 放入马桑花烫一下捞起晾凉, 再沥干放入碗中, 调入适量盐、芝麻油, 搅拌均匀即可。

美味窍门

◎马桑花, 用开水焯后, 最好再用清水浸泡些时日再食用, 浸泡过程要勤换水。

凉拌麻辣马桑花

材料　马桑花适量

调料　糖、盐、花椒粉、醋、酱油、花椒油、芝麻油、炸辣椒芝麻酱

做法

1　马桑花去蒂，洗净。

2　锅内加入水烧开，放入马桑花烫一下捞起晾凉，再沥干放入碗中，调入适量糖、盐、花椒粉、酱油、醋、花椒油、芝麻油、芝麻酱，搅拌均匀即可。

马桑花炒鸡蛋

材料　马桑花适量、鸡蛋3个

调料　食用油、盐、芝麻油、胡椒粉

做法

1　马桑花去蒂,洗净。打入鸡蛋,加盐、胡椒粉、芝麻油后,拌均匀。

2　锅内放入油,烧至五成熟,倒入调好的材料,待鸡蛋稍微凝固后,均匀翻炒,炒至金黄色,即可出锅。

美味窍门

◎ 在鸡蛋中加入少量醋,这样炒出来的鸡蛋不仅没有腥味,而且会很松软。

玫瑰花鸡蛋

材料　玫瑰花1小碗、鸡蛋3个

调料　食用油、盐、糖、胡椒粉

做法

1　将鸡蛋打在碗里，放入胡椒粉、盐、糖，与玫瑰花一起搅拌均匀。

2　锅内放入油，烧至三成熟，倒入玫瑰花鸡蛋，稍微凝固一下炒散，即可上碟。

美味窍门

◎炒鸡蛋放入糖，一方面可以使鸡蛋蓬松柔软，另一方面，可以减少玫瑰花的微苦味。

青红辣椒炒石榴花

材料　新鲜石榴花适量、青辣椒1根、红辣椒适量

调料　食用油、盐

做法

1　石榴花、青红椒洗净。青红椒切斜片。石榴花焯水。

2　锅内放入油，烧至五成熟，倒入青红辣椒炸香，炸至七成熟，放入新鲜石榴花，加盐，炒至入味，即可上碟。

美味窍门

◎ 石榴花有苦涩味，所以要去除花蕊部分，用开水烫过，再用清水浸泡。

◎ 炒熟的石榴花瓣，吃起来脆脆的，清香中略带一点淡淡的苦涩味，滋味独特。

其余各类

菜品多样

各式风味

干煸胡萝卜

材料 西芹2根、胡萝卜2小段、油豆腐泡适量

调料 食用油、盐、醪糟汁、芝麻油

做法

1 西芹、胡萝卜洗净，切成条，豆腐泡切成碎末。

2 锅内放入油，烧至四成熟，加入胡萝卜条翻炒，胡萝卜炒出胡萝卜素，放入豆腐泡炸香，再加入西芹、少量开水、盐略炒。倒入醪糟汁，大火收汁，淋上芝麻油，即可食用。

美味窍门

◎ 胡萝卜最有营养，最好吃的办法是要用油煸炒过，才能释放里面大量的胡萝卜素，也便于人体的吸收，这是最主要的原因，再者，胡萝卜素炒过后更香。

素小炒

材料　腐竹1碗、红萝卜1根、芹菜少许、木耳少许

调料　食用油、盐、姜、胡椒粉、香菜

做法

1　材料洗净，红萝卜切片，芹菜切段，姜切片，腐竹泡透后切段。

2　锅内放入油，烧至四成熟，放入姜片爆香，再放入红萝卜片，炒出胡萝卜素。放入木耳、腐竹，加入胡椒粉和盐，均匀翻炒后，加少许水，芹菜放进去略炒，撒上香菜，即可出锅。

美味窍门

◎ 炒素菜油要多点，这样炒出来才香口。

回锅干笋

材料　胡萝卜2根、西芹2小段

调料　食用油、盐、豆豉、郫县豆瓣酱

做法

1　胡萝卜、西芹洗净，胡萝卜切成滚刀块，西芹切段。

2　锅内放入油，烧至四成熟，放入豆瓣酱、豆豉，炒香。放入胡萝卜，炒出胡萝卜素。加入少量水，再将西芹放进去，盖上锅盖，煮5分钟后，加盐，略炒，即可出锅。

美味窍门

◎ 西芹焯水时加点盐可让其根翠绿，捞起后马上过冷水可使口感爽脆。

粉蒸胡萝卜

材料　红萝卜2根、玉米粉1小碗

调料　食用油、盐、蒜末、干辣椒、香菜末

做法

1　红萝卜洗净去皮，切成丝，盛入碗中。

2　将每一根红萝卜丝都均匀裹上玉米粉，放入盘中，加上盐，用保鲜膜封住盘子。

3　蒸锅内加水，烧开后，放入盘子，蒸20分钟后取出，揭开保鲜膜，放上香菜末、蒜末、干辣椒。

4　锅内放入油，烧至七八成热，将热油淋在盘中，即可食用。

美味窍门

◎吃的时候拌一拌，让每一根胡萝卜丝都裹上美味的调料。

百合炒玉米

材料　新鲜百合适量、玉米1碗

调料　食用油、盐、胡椒粉、姜末、番茄酱

做法

1　材料洗净，姜切末。

2　锅内放油，烧至五成熟，放番茄酱，炸出红油，加玉米粒、百合、姜末，稍翻炒。加少许水，再加盐、胡椒粉，盖上盖略煮，即可。

美味窍门

◎百合不要炒太老，太面了就不好吃了。而且百合受热过度会发黑，所以入锅稍微翻炒一会儿，看到百合边缘变透明就要立刻出锅。

胡萝卜炒百合

材料　胡萝卜2根、百合1中碗

调料　食用油、盐、胡椒粉

做法

1　胡萝卜洗净去皮,用刨皮器将胡萝卜刨成薄片。

2　锅内放入油,烧至四成熟,放入胡萝卜,炒出胡萝卜素,加入百合、少许水、胡椒粉、盐,均匀翻炒2~3分钟,即可出锅。

美味窍门

◎ 胡萝卜是脂溶性的,所以炒时,可适量多加一点油把它炒香。

山药炒番茄

材料　山药适量、西红柿少许

调料　食用油、盐、糖、葱、番茄酱、芝麻油、香菜

做法

1　材料洗净,山药切菱形片放入盐水里,西红柿切片。

2　锅内加入水烧开,将山药焯水晾凉备用。

3　锅内放入油,烧至三四成熟,放入葱花炸香,放入西红柿、山药、番茄酱,一同翻炒后,放入适量水、糖、盐、香菜,炒匀,淋上芝麻油即可。

美味窍门

◎ 山药焯水吃起来口感会更好,不会很黏.

◎ 去皮时,黏液会让皮肤变痒,最好戴个手套,不小心弄到,用食用盐搓手几分钟,然后洗净手即可.

香菇烩山药

材料　山药适量、香菇适量、红萝卜少许、红枣丝少许

调料　食用盐、酱油、葱、蒜、芝麻油、生粉水

做法

1　山药切成一寸半的条,放在盐水里备用。红萝卜、香菇分别切成片,葱切成一寸长的段。

2　锅内放入油,烧至四五成熟,将红萝卜片放进去,炒出胡萝卜素,葱、蒜放进去爆香。

3　放入香菇、山药、水、红枣丝,煮2分钟后,加少许酱油、生粉水,淋上芝麻油,即可上碟。

美味窍门

◎ 用一点糖泡发香菇易发透,且香菇味更美,而香菇水放入菜中可起到提鲜的作用。

鱼香冬笋

材料　冬笋1根

调料　食用油、盐、郫县豆瓣酱、泡椒、姜、蒜、葱、醋、糖、生粉

做法

1　姜和蒜切末,葱切段。冬笋去壳洗净,放入盐水中煮熟,捞出切条。

2　调制生粉水,生粉水中加入盐、糖、醋搅匀。

3　锅内放入油,烧至四成熟,放入豆瓣酱、泡椒、姜、葱、蒜,爆香。

4　爆出红油后,放入冬笋,略炒,倒入调好的生粉水,再加入剩余的葱和蒜,翻炒入味即可。

美味窍门

◎冬笋本身的草酸,容易和钙结合成草酸钙,所以用盐水煮一下,可以去除涩味和大部分草酸。

香笋烧黄豆

材料　黄豆1碗、香笋1碗、香菇适量、桂皮少许

调料　食用油、盐、酱油、红糖

做法

1 材料洗净,黄豆提前泡好待用,香笋煮开后切块。

2 锅内放入油,烧至四成熟,放入香菇爆香后,加点酱油,将香笋、黄豆放进去翻炒,再次加入酱油、少许红糖、桂皮。

3 加入水没过黄豆和香笋,加入盐,焖煮至收汁即可上碟。

美味窍门

◎ 香笋具有吸味性,也可选择用素高汤来焖煮至入味。

娃娃菜蒸粉丝

材料　娃娃菜半棵、粉丝适量、红辣椒1根

调料　鸡枞、鸡枞油、盐

做法

1　娃娃菜洗净，将尾部较厚实的地方多切几刀，但保持白菜的完整
　形状。

2　娃娃菜放入碟中，将粉丝、鸡枞铺在白菜上，浇上鸡枞油，再撒
　上红椒末和盐。

3　放入蒸锅中蒸熟，即可食用。

美味窍门

◎娃娃菜的大小、厚度决定要蒸的时间长短，一般小棵的蒸10分钟以
　内即可。

蚂蚁上树

材料　粉丝1碗、松仁适量、南瓜子适量、葵瓜子适量

调料　食用油、盐、胡椒粉、料酒、葱、蒜、姜、老干妈酱

做法

1 材料洗净，葱、蒜切片，姜切丝。粉丝泡好洗净。

2 锅内放入油，烧至三成熟，放入葱、蒜、姜丝、老干妈酱，分别炸香，倒入南瓜子、葵瓜子、松仁，炸香后，放入粉丝，翻炒后加水，再加入适量料酒、胡椒粉、盐即可。

美味窍门

◎ 选择炒制的粉丝最好是红薯粉丝，红薯粉丝的韧性比较好。

粉条炒黄豆芽

材料　黄豆芽适量、粉条适量、韭菜少许、小葱5~6根

调料　食用油、盐、胡椒粉、酱油、料酒、姜丝

做法

1　将粉条泡好，豆芽洗净，韭菜和葱分别切段，姜切丝。

2　锅内放入油，烧至四成熟，放入姜丝爆香，倒入豆芽爆炒，再放入粉条，加酱油、料酒、盐一同翻炒。

3　再加半杯水，炖煮至收汁后，加入胡椒粉、韭菜即可食用。

美味窍门

◎烹炒时，放入醋可以保护豆芽菜的水分不向外流失，在口感上显得脆嫩。

紫包菜炒粉丝

材料　紫包菜半个、绿包菜半个、粉丝1中碗、红萝卜1小碗

调料　食用油、盐、番茄酱、姜、洋葱

做法

1　包菜、红萝卜洗净,切丝。姜、洋葱洗净切末。

2　锅内放入油,烧至五成熟,放入红萝卜,爆香姜末、洋葱,关小火,炸香番茄酱,放入包菜,稍加一些开水,调入盐,下粉条,翻匀入味即可。

美味窍门

◎包菜水分少,烹调不易熟,可适量加些开水。

黄瓜炒鸡蛋

材料　黄瓜半个、胡萝卜半个、鸡蛋3个

调料　食用油、盐、酱油、料酒、芝麻油

做法

1　材料洗净,黄瓜、胡萝卜切片。将鸡蛋打在碗里,加少许料酒打散。

2　锅内放入油,烧至三四成熟,鸡蛋倒下去炒成小块,放入胡萝卜、黄瓜,中火炒,放入适量盐、酱油、芝麻油即可。

美味窍门

◎黄瓜原本可以生吃,鸡蛋也是快熟菜品,不能炒的过久,炒的过程中只要掌握得当,不必加水,这样炒出来的色泽会更好。

韭菜花炒鸡蛋

材料　韭菜花适量、鸡蛋3个

调料　食用油、盐、胡椒粉

做法

1　韭菜花切成半寸长的段，装在碗里，打入鸡蛋，放入胡椒粉和盐，搅拌均匀。

2　锅内放入油，烧至三成熟，倒入鸡蛋，炒熟即可。

美味窍门

◎ 炒鸡蛋加料酒和清水，鸡蛋不易碎，不粘锅，会更嫩滑，同时还有除腥解腻增鲜的作用，但要适量的放入并搅拌均匀，水多了入油锅后会容易爆油。

韭黄炒鸡蛋

材料　韭黄适量、鸡蛋3个

调料　食用油、盐、胡椒粉

做法

1　韭黄洗净,切段。鸡蛋打入碗中,加适量盐、胡椒粉,均匀搅散。

2　锅内放入油,烧至三成熟,倒入鸡蛋略炒后,加入韭黄,炒至断生,略加少许盐,均匀翻炒即可出锅。

美味窍门

◎ 韭黄入锅翻炒片刻,加入调料后迅速大火翻炒均匀即可,时间长了影响韭黄口感,而且还会出很多的水。

三味白菜

材料　白菜1棵

调料　食用油、盐、姜、酱油、红辣椒、醋、糖、花椒油

做法

1. 大白菜、辣椒、姜洗净。白菜切条,姜和辣椒切丝。

2. 锅内加入水,烧开后,先放入白菜梗,加少许盐,略煮,再加入白菜叶子,煮软后,捞出沥水,放入碗中晾凉。

3. 锅内放入油,烧至五成熟,加入姜丝、红辣椒丝,爆香后,加少许水、糖、盐、酱油、醋,略煮。

4. 将煮好的调味汁浇于煮好的白菜上,再淋上花椒油,即可食用。

美味窍门

◎ 洒上调味汁的做法不同于炒,虽然都有油做介质,但油泼洒的吃起来却清爽很多。

砂锅白果煨白菜

材料　大白菜适量、豆腐泡、白果1小碗、红萝卜1小碗、香菇适量、
　　　香菜适量

调料　食用油、盐、糖、生粉水、素蚝油、芝麻油

做法

1　材料洗净,大白菜切条,放入锅中烫一下,豆腐泡对半切,红萝
　　卜切片。

2　备用一个煲仔,放入油烧至五成熟,加入香油、素蚝油一起炸香。
　　炸香后加入开水,将烫好的白菜、豆腐泡、白果分别放入煲仔中。

3　加入适量盐、糖,焖煮10分钟后,放入红萝卜片,再煮2分钟,撒
　　上香菜,浇上生粉水,淋上芝麻油即可出锅。

美味窍门

◎ 素蚝油与香菇一起炸时,炸到香菇完全吸收素蚝油的味,口味会
　更香.

茄汁豆泡

材料　豆腐泡6~7个、西红柿2个、土豆2个、黄豆1小碗、豌豆1小碗
调料　食用油、盐、生粉水、芝麻油
做法

1　材料洗净,黄豆泡发,土豆、西红柿切成粒,油豆腐泡切四分之一大小,调适量生粉水。

2　锅内放入油,烧至四成熟,加入西红柿,炒出红油,依次放入黄豆、土豆、油豆腐泡,炒一炒,加盐,再将豌豆倒进去,翻炒片刻。

3　加入水,焖煮10分钟后,淋上芝麻油、生粉水,煮片刻即可出锅。

美味窍门

◎西红柿在煸炒时一定要煸炒出红油,这样西红柿才能更好吃。

茄汁菜卷

材料　高丽菜适量、豆腐适量、香菇1小碗、豌豆少许、胡萝卜少许、
　　　洋葱少许、月桂叶2片、鸡蛋1个、香菜少许

调料　食用油、盐、胡椒粉、番茄酱、芝麻油

做法

1　材料洗净，洋葱切丝，胡萝卜切片，香菇切碎。水烧开，放入高
　　丽菜，烫软。放入平菇，焯水。

2　锅内放入油，烧至四成熟，放入香菇碎爆香，加入胡萝卜，均匀
　　翻炒，放入盐、胡椒粉，关火，盛入碗中，晾凉后，放入豆腐、豆腐
　　泡，淋上芝麻油，打入鸡蛋、盐、胡椒粉、香菜，拌均匀。

3　取烫软的高丽菜，去掉硬梗，擦干菜叶上的水，放上拌好的馅，
　　包成长形的卷。

4　取一个煲仔，先放入平菇、洋葱丝、胡萝卜片、番茄酱，再铺上
　　菜卷。

5　起火，煲仔内加上水，放两片月桂叶、豌豆、盐、胡椒粉、食用油，
　　焖煮5分钟后，打开煲仔，淋上芝麻油，即可食用。

美味窍门

◎调馅儿，加入鸡蛋主要是起粘的作用。在煮制的过程中，因为下层
有番茄酱，可用筷子稍微搅动，使其能充分入味。

酸辣炖菜

材料　大白菜1碗、菌子适量、豆角1碗、花生米适量、豌豆少许、
　　　粉条1碗、香菇适量、木耳适量、酸木瓜片少许

调料　食用油、盐、辣椒粉、花椒面、豆瓣酱、姜

做法

1　材料洗净，大白菜、菌子切块，豆角切段焯至八成熟，花生米
　　煮熟。

2　将酸木瓜片煮成木瓜水，待用。

3　锅内放入油，烧至五六成熟，放入豆瓣酱、姜，炸出红油后，放入
　　辣椒粉、花椒面，炸香，将木瓜水加进去，放入所有材料，焖煮5
　　分钟后，撒上盐即可。

美味窍门

◎起锅后，淋上几滴香油出锅，直接浇在饭上，酸辣又美味。

麻辣杂锅菜

材料　大白菜2个、土豆2个、豆腐1块、花生米适量、海带1张、
　　　木耳1碗、冬笋片1小碗、莲藕1段

调料　食用油、盐、草果、豆瓣酱、剁辣椒、辣椒粉、花椒粉、熟芝麻

做法

1　材料洗净。将大白菜切块，土豆、豆腐分别切厚片，海带切宽丝，
　莲藕切薄片。

2　锅内放入油，烧至三成熟，放入剁辣椒、豆瓣酱、两个草果，一起
　炸出红油，再加入辣椒粉、熟芝麻，放入适量的水烧开。

3　烧开后，放入所有材料，再放入水没过来，加上花椒粉、盐，煮15
　分钟即可。

健康·长寿

◎就像它的名字一样，这是一道融汇各种新鲜时令蔬菜的美味佳肴，
它的内容丰富。据说，丽江古城晚晴年间百岁坊出的那位108岁的
寿星，就是很爱吃杂锅菜。可见营养丰富，值得一吃。

石锅咖喱煲

材料　土豆2个、花菜1小碗、年糕5根、油豆腐适量、红萝卜1根、
　　　杏鲍菇适量

调料　食用油、盐、酱油、姜、咖喱块

做法

1　花菜、土豆洗净,花菜掰成小朵,红萝卜、土豆切滚刀,油豆腐对
　　半切三角块,年糕切段,姜切片。

2　石锅烧热,放入油,爆香姜片,放入红萝卜、杏鲍菇,煸炒片刻。

3　放入土豆、咖喱块,加水,加入豆腐泡、花菜、年糕,加点酱油和
　　盐一起煮5分钟,即可食用。

美味窍门

◎这道菜也可加入各种蘑菇,味道会更加鲜美。

砂锅焖苦瓜

材料　梅菜适量、豆腐泡1小碗、苦瓜适量、红辣椒1个、大蒜少许
调料　食用油、酱油、糖
做法

1　材料洗净,豆腐泡切条,梅菜切粒,苦瓜、辣椒分别切成两段,大蒜切片。

2　锅内放入油,烧至五六成熟,放入苦瓜,炸至微黄即可捞出备用。

3　准备一个煲仔,放入油、蒜片一同炸香,再将豆腐泡放进去炒一炒,放入梅菜翻炒。加入少许糖、酱油、水,再将苦瓜、红辣椒一同放进去,盖上盖子烧开后即可。

美味窍门

◎凉拌苦瓜,炒苦瓜可用盐搓后再焯烫,不但能帮助去掉些苦味,还能保持本色的清香。放点盐和油,过冰水可以保持苦瓜焯烫后的青绿感。

鱼香土豆丝

材料　土豆2个

调料　食用油、盐、酱油、醋、糖、生粉水、泡辣椒、葱、姜、蒜

做法

1　土豆、葱、姜、大蒜洗净。土豆、姜切丝，葱切葱花，大蒜切片，泡椒切成圆圈。

2　锅内放入油，烧至四成熟，爆香姜丝、泡椒、蒜、葱，炸到泡椒出红油，放入土豆丝，慢火炒。

3　取小碗调生粉水，加入酱油、醋、糖、盐，待土豆丝炒至七八成熟，加入调好的生粉水，再将剩下的葱放进去，略炒即可出锅。

美味窍门

◎ 在土豆下锅时就倒几滴醋，这样土豆炒出来是脆的，不糊锅。

老干妈豆豉酱蒸土豆

材料　土豆适量、姜末少许、香菜少许

调料　食用油、盐、生粉水、老干妈豆豉酱、糖、芝麻油

做法

1 土豆洗净，切成小块，蒸熟后放入塑料袋压成土豆泥，搓成圆球待用。

2 锅内放入油，烧至四成熟，放入姜末爆香，加少许水，放入豆豉酱、盐、糖、生粉水搅拌均匀，关火后淋上少许香油。

3 将调料淋在土豆丸子上，撒上香菜即可食用。

美味窍门

◎ 豆豉酱本身是咸的，所以可少放一些盐。

老干妈豆豉酱烧南瓜

材料 南瓜1碗、红辣椒末少许、香菜少许、姜末少许

调料 食用油、盐、花椒粉、老干妈豆豉酱、糖、生粉水

做法

1. 南瓜洗净削皮,切条。

2. 锅内放入油,烧至四成熟,放入南瓜翻炒片刻,再放入姜末、红辣椒末、老干妈豆豉酱,爆香。

3. 爆香后,放入适量的水,焖煮3分钟后,加少许糖、花椒粉、盐、生粉水、香菜,翻炒均匀即可食用。

美味窍门

◎ 烹调时可加少许醋,烧出来的南瓜非常的香。不过醋只是增香,不能加太多,否则就有酸味了。

黄豆酱烧茄子

材料　茄子3根、青辣椒2根、红辣椒2根

调料　食用油、盐、黄豆酱、辣豆瓣酱、芝麻油

做法

1　茄子、青红辣椒洗净,切粒。放入提前备好的盐水里。

2　锅内放入油,烧至五成熟,放入黄豆酱、辣豆瓣酱,一同爆香,炸出红油。

3　放入茄子、青红辣椒一起炒熟,放入少许盐,淋上芝麻油,即可上碟。

美味窍门

◎如果想让这道菜更加美观,我们可以准备一根茄子,用刀将中间的肉去掉,手工做成一只精致的茄子小船,可以为这道菜增加一份独特的爱心乐趣。

蒜蓉蒸茄子

材料　茄子3根、红辣椒末少许、蒜蓉少许
调料　食用油、盐、糖、芝麻油
做法

1 茄子洗净削皮（只削皮，茄杆和茄蒂留下）。

2 将茄蒂以下的部分切条，摆入盘中待用。

3 锅内放入油，烧至四五成熟，放入蒜蓉、红辣椒末爆香，加少许水、盐、糖，小火搅拌均匀即可淋在茄子上。

4 将茄子放入蒸锅中，蒸5分钟后，淋上芝麻油即可出盘。

美味窍门

◎茄子清蒸肉质软烂，配上蒜蓉非常香。蒜蓉和油一定要炒熟。您要是选择炒茄子，在锅里放点醋，炒出的茄子颜色不会变黑。

蒸茄子

材料　茄子3根、枸杞少许、青红辣椒末适量

调料　盐、糖、酱油、芝麻油

做法

1 准备调味汁,将酱油、糖、芝麻油、盐、红辣椒、青辣椒放入调味碟,搅拌均匀待用。

2 茄子洗净,放入蒸笼蒸10分钟后晾凉,撕成条摆盘,淋上调味汁即可食用。

美味窍门

◎茄子一定要嫩,酱油也一定要等茄子蒸熟了后再加,不易破坏口感。

黄豆酱炒蚕菜

材料　蚕菜1碗

调料　食用油、盐、黄豆酱、豆瓣酱

做法

1　蚕菜洗净。

2　锅里放入油，倒入黄豆酱炸香，放入蚕菜跟豆瓣酱，大火翻炒均匀，加少许盐，炒熟即可上碟。

健康·长寿

◎ 蚕菜学名落葵，又称紫葛菜、木耳菜，在上海被称为紫角叶，可清炒，可入汤，对人体有滋补强壮作用，被视为保健蔬菜。

炸茼蒿

材料　茼蒿适量、面粉适量、鸡蛋清少许、生粉水适量

调料　食用油、盐、胡椒粉、草果粉

做法

1　准备一个大的容器调面糊,将生粉水、面粉、鸡蛋清、水、草果粉、胡椒粉放进容器搅拌均匀,放入茼蒿裹上面糊。

2　锅内放入油,烧至五成熟,将茼蒿放入锅中,小火炸熟,即可上碟。

美味窍门

◎茼蒿一定要整棵都粘满面糊,油温也要高,入锅马上炸起捞出,捞起时动作稍轻点,以免把叶子上酥脆的壳弄碎。蘸上酱类食用,也很有味。

新疆小炒

材料　玉米2根、黑葡萄干1小碗、绿葡萄干1小碗、枸杞少许

调料　食用油、盐、糖

做法

1　枸杞泡开，葡萄干泡3~5分钟，洗净。

2　锅内放入油，油热后加入玉米粒，炒至断生，加入枸杞、盐和糖，稍微翻炒。倒入两种葡萄干，均匀翻炒后，即可出锅。

美味窍门

◎选用甜玉米作为材料，会更好吃。

甜品小吃

甜品时光

五彩童趣

炸土豆芋头丸子

材料　白土豆适量、粉皮土豆适量、芋头适量、面粉适量、生粉适量
调料　食用油、番茄酱
做法

1 土豆、芋头削皮，切块蒸熟，取出晾凉放入塑料袋中，分别压成泥，搓成丸子。

2 将搓好的丸子分别裹上面粉和生粉。

3 锅内放入油，烧至五成熟，将裹好面粉的丸子分别放入油锅中，炸至金黄色即可捞起上碟，可搭配一碟番茄酱一同食用。

美味窍门

◎ 搓丸子的时候，如果很粘手，就蘸少许水操作。炸的时候，火不要太大，以免糊锅。

鲜橙冬瓜

材料　橙子2个、冬瓜适量

做法

1 冬瓜削皮，用挖球勺将冬瓜挖成圆球。新鲜橙子剥皮榨汁。

2 锅内加水烧开，将冬瓜球放进去煮2分钟后，捞出过凉水。

3 冬瓜放入容器中，倒入橙汁，将鲜橙冬瓜放入冰箱冻1小时，即可食用。

美味窍门

◎冰冻过的鲜橙冬瓜，这在夏季是最好的选择。也可以换成别的口味果珍。

桂皮土豆丸

材料　红皮土豆适量

调料　桂花糖

做法

1 土豆洗净削皮，蒸熟后晾凉，放入塑料袋压成土豆泥。

2 将压好的土豆泥，搓成丸子，摆入盘中，最后淋上桂花糖即可食用。

美味窍门

◎ 也可将桂花糖换作其他的调料来搭配。

红枣冰糖蒸南瓜

材料　南瓜2个、红枣适量

调料　冰糖

做法

1　南瓜洗净，从南瓜顶端开个圆形的口，掏出南瓜囊。红枣洗净，去蒂。

2　将洗好的红枣放入南瓜盅内，再加入冰糖，塞满后，倒入少许开水。

3　盖上南瓜盖子，上蒸锅，蒸25分钟即可。

美味窍门

◎蒸好后直接淋上蜂蜜，味道也很不错。

橙汁芋头

材料　芋头适量、枸杞少许

调料　蜂蜜、糖、橙汁

做法

1 橙汁里放入适量蜂蜜、糖搅拌均匀，待用。

2 芋头洗净，切成小块蒸熟，放入塑料袋压成芋头泥。

3 将压好的芋头泥，放入适量蜂蜜、糖、枸杞搅拌均匀，盛入盘中淋上调好的橙汁，放入冰箱冻15分钟，即可食用。

健康·长寿

◎芋头含较多淀粉，一次不能多食，多食有滞气之弊，生食有微毒。

多彩淮山

材料　山药适量

调料　橘子酱、桂花酱、草莓酱、蜂蜜

做法

1. 将山药蒸熟，放进搅拌机里，搅成糊状。
2. 取适量的果酱，分别放入蜂蜜，调匀待用。
3. 将打好的山药放进裱花袋里，在盘子里挤出喜欢的造型。淋上调好的果酱即可。

美味窍门

◎搅拌机里的淮山太干，可适当加一点凉开水。

主食

粒粒饱满

谷香四溢

米面牛蹄卷

材料　小米粉适量、小麦粉适量、红枣适量

做法

1 将面提前发酵好,将面团放到面板上继续揉压,擀成长方形,再分别切成3寸长的长方形。

2 拿一张面皮,分别在两端,放两颗红枣(露出一点点在外面),然后卷起来,两端向内弯成"U"字的形状即可。

3 放入蒸锅里,蒸20分钟就可以出锅了。

美味窍门

◎许多人爱用热水或开水蒸面食,以为这样开得快。其实这并不科学。因为生冷的面食突然遇到热气,表面粘结,容易使面食夹生。正确的方法应是在锅内加冷水,放入面食后,再加热升温,可使其均匀受热,松软可口。

蒸蝴蝶卷

材料　小米粉适量、小麦粉适量

调料　芝麻油

做法

1　取适量小米粉和小麦粉，和成发酵的面团。发至两倍大。

2　将发酵好的面团，搓成长条，切成剂子后，擀成圆形。在圆形面饼上，抹一层芝麻油，然后对折，捏成蝴蝶的形状。用牙签在蝴蝶面上扎孔。放入蒸锅蒸20分钟即可。

美味窍门

◎ 将蝴蝶卷生坯放入蒸锅时，生坯间要留出空隙，以免蒸好后粘在一起。

菜干花生粥

材料　大米1碗、菜干1小碗、花生米适量

调料　食用油、盐

做法

1　洗净，拧干水分，切成粒。

2　将菜干倒入锅内，加入洗好的米、花生米，加点熟油、少量盐、水。
　　大火烧开后，转小火，煮40分钟，即可食用。

美味窍门

◎ 中途记得搅动搅动，以免粘锅底。

营养豆米饭

材料　大米1碗、豌豆1小碗、黄豆1碗、豌豆粉适量、芹菜少许
调料　食用油、盐、胡椒粉
做法

1　材料洗净，黄豆泡开略煮，芹菜叶切丝。

2　锅内放少许油，油热后，倒入水、大米，水开后，关小火煮10分钟左右，放入豌豆、胡椒粉、盐、煮过的黄豆。

3　然后取豌豆粉，加水调成糊状，放进去，要一直搅，防止糊底。

4　煮熟后，可加少许芹菜叶略煮，即可出锅。

美味窍门

◎ 保持豌豆的清脆颜色，最好是粥即将熬好的时候再放入，再次开锅即可。

七宝炒饭

材料　白米饭1碗、白菜丝适量、南瓜丁适量、青瓜适量、青辣椒少许、
　　　红辣椒少许、香菇少许

调料　食用油、盐、胡椒粉

做法

1　材料洗净，大白菜、香菇各切丝，南瓜、青瓜、青红辣椒各切粒。

2　锅内放入油，烧至四成熟，将香菇丝爆香，放入南瓜、青红辣椒、
　　大白菜，翻炒均匀后，放入胡椒粉、盐，炒至八成熟，将米饭放进
　　去炒，最后快起锅时，再放入青瓜即可上碟。

美味窍门

◎ 青瓜可以生吃，所以青瓜最后放入，既可以保持口感的清脆，又可
　保持颜色的鲜艳。

土豆焖饭

材料 土豆适量、大米1碗

调料 食用油、盐

做法

1 大米洗净，土豆去皮洗净，切块。

2 锅内放入油，烧至四成熟，放入土豆、少许盐略炒。

3 将炒过的土豆放入饭锅内，加入大米，倒入适量热水，盖上锅盖，煮熟即可。

美味窍门

◎ 煮出的土豆能保持形状，不会散烂，米饭会更香。

◎ 蒸好后再焖5分钟。这样表层的米饭不会很稀，吃起来口感会更好，而且还不容易粘锅难洗。

四色炒饭

材料　白米饭1碗、南瓜丁少许、青瓜少许、青红辣椒少许

调料　食用油、盐、胡椒粉

做法

1. 材料洗净，南瓜、青瓜、青红辣椒分别切粒。

2. 锅内放入油，烧至四成熟，放入南瓜、红辣椒爆香，再放入青辣椒炒至八成熟后放入米饭、胡椒粉、盐翻炒，最后再放入青瓜即可。

美味窍门

◎ 搅拌均匀使米粒分开，放凉后备用。炒出的米饭才会粒粒分明又有弹性的口感。

茄汁炒饭

材料　白米饭适量、西红柿半个、红萝卜半个

调料　食用油、盐、糖、西红柿酱。

做法

1　材料洗净,红萝卜、西红柿切成小粒。

2　锅内放入油,将油烧至五成熟,红萝卜放进去炸出胡萝卜素,再将西红柿放进去一同翻炒。

3　放入两勺西红柿酱、适量的糖,将其炒熟,最后放入米饭炒熟,撒上盐,翻炒均匀即可。

美味窍门

◎ 炒饭的米饭很关键,水分要略少些(这样才能粒粒分开),略干的米饭可以更好地吸收番茄汤汁,使得口感更佳。

莲池海会炒饭

材料　白米饭1碗、胡萝卜适量、豆腐适量、玉米适量、豌豆适量、
　　　香菇适量

调料　盐、胡椒粉

做法

1　材料洗净,胡萝卜、豆腐分别切丁。

2　锅内放入油,烧至四成熟,放入香菇、豆腐爆香,再放入胡萝卜、
　　玉米、豌豆,翻炒均匀后,放入胡椒粉和盐,少许水,炒至八成熟
　　后,放入米饭,炒均匀即可食用。

美味窍门

◎炒饭的调料您可以根据个人的喜欢调换,做出创意美味的炒饭。

老干妈炒土豆丝饭

材料 白米饭1碗、土豆1个、豌豆少许
调料 食用油、盐、老干妈豆豉酱。

做法

1 材料洗净,土豆切丝。

2 锅内放入油,烧至四成熟,放入土豆丝和豌豆,翻炒后放入老干妈豆豉酱,土豆丝炒至八成熟,放入米饭,少许盐,即可食用。

美味窍门

◎ 土豆切丝,用清水洗一下,会更加的脆,也不容易变色、粘锅。

四川苍溪酸菜炒饭

材料　白米饭1碗、酸菜适量

调料　食用油、盐、姜末、豆瓣酱

做法

1 锅内放入油，烧至四成熟，放入姜末，豆瓣酱爆香。

2 放入酸菜，将水分炒干后，放入米饭翻炒均匀，放盐即可食用。

美味窍门

◎没有苍溪的酸菜，也可以选择您喜欢的酸菜来搭配。

豆渣蔬菜饼

材料 包菜半个、豆渣适量、面粉适量

调料 食用油、盐、黑胡椒粉

做法

1 包菜洗净切丝。再将豆渣放入面粉,加上水调成面糊状后,放入适量黑胡椒粉、盐,再加入包菜。

2 锅内放入油,烧至五成熟,取出适量豆渣放在手中来回翻拍成圆形,放入油锅中按成饼状煎熟,即可食用。

美味窍门

◎ 面糊不能太稀,也不能太稠,黏稠度刚好的面糊,摊出来的饼既好吃,又美观。

◎ 根据自己的喜好,加其他菜也可以制作。

煎香菜饼

材料　面粉1碗、香菜适量

调料　食用油、盐

做法

1　香菜洗净,切碎。

2　45度的水,分两次加入面粉盆中,和均匀,面要稍软些。饧一会儿。取出面团,用手压扁,在中间铺上香菜,撒上盐,将香菜和面团均匀揉和,揉到香菜和面完全粘在一起。将面团分成小剂子,盖上湿毛巾,略饧。

3　取出小剂子,擀成圆形薄饼。锅内加入一点点油,抹匀,烧至三成熟,放入饼,待一面定型后,翻面,煎一煎,再继续翻面,小火煎至金黄色,成型煎熟,即可出锅。

美味窍门

◎和面时,分次加水,不要一次加够,就可以了。

真诚·恭敬·感恩
厨房的每个角落

———————— · ————— · ————————

　　一桌美味的饭菜,这其中少不了厨房的每一样厨具,我们怀着感恩的心,供养身边的家人时,也不要忘记,一同合作过的朋友——厨房。以真诚恭敬的心,将它打理干净是我们最好的感恩。养成每日清洁的习惯,不管是厨具、灶具,还是厨房,每天饭后的清洁,只需要花一点点时间,而且很轻松,不费力。但要是每天不去管它,时间长了,再去清理,那就真的是:费钱、费时、费力,还不一定能保证效果很好。

　　与大家共同分享几项清洁小窍门。

铁锅如何不生锈?

　　铁锅洗净后,用抹布将锅的内壁擦干,用大火烧干锅的内壁和外壁的水,就可以了。另外,如果长时间不用的话,就在铁锅的内壁上,薄薄地抹一层植物油,这样保存,不论放多久,都不会生锈。使用前,用洗涤灵清洗干净即可。

让金属餐具光亮如新的方法。

　　用过期的番茄酱或者快要坏掉的西红柿(减少浪费),涂抹在不锈钢餐具或厨具上,停留十分钟后用热水冲洗干净,擦干即可。

菜板怎么清洗?

将菜板放入淘米水中浸泡十分钟后,拿出来,撒一些盐,用清洁布反复擦洗,冲净风干即可。或将白醋和水以一比二的比例调好,喷在案板的表面,直接放到通风的地方,自然风干即可。

如何清洁油烟机盒?

在干净的油烟机盒内倒入一层洗洁精即可。

锅中糊痕、水碱怎么除?

将白醋倒入锅中,没过水碱或糊痕,静置十到二十分钟后,用百洁布擦掉水碱或糊痕,冲洗就可以了。

密封的餐具和容器用久了,如何去除异味?

将一片新鲜柠檬,或两片姜片放入容器中,倒满开水盖上盖子,待第二天冲净即可。这个方法,对新餐具也有很好的去除效果。

如何给抹布消毒、杀菌,去除掉部分印迹?

抹布放入盛有清水的锅中,接着将生鸡蛋壳(约五个)放入,大火持续煮六分钟后取出,用凉水冲洗干净,晾干即可。

如何清除厨房下水道的味道？

将苏打粉和盐，以一比二的比例，倒入水池下水管内，准备一碗开水，把它冲下去，定时每月清理一次就可以了。

清洁完厨房的卫生，奉上一瓶鲜花装扮一下吧！

在花瓶中倒入清水，不要让水没过叶子，否则会容易腐烂。再将花枝末端，斜着剪四十五度角插入瓶中，最后滴入几滴白醋或糖。另外，每天剪掉一小段茎约一厘米。最好能保持每天换水。这样就可使花保持新鲜。

为了家人和朋友的健康幸福，我们一同努力！